EINFÜHRUNG IN DIE ELEMENTARE UND ANALYTISCHE THEORIE DER ALGEBRAISCHEN ZAHLEN UND DER IDEALE

VON

DR. EDMUND LANDAU
O. Ö. PROFESSOR DER MATHEMATIK
AN DER UNIVERSITÄT GÖTTINGEN

ZWEITE AUFLAGE

MIT 14 TEXTFIGUREN

CHELSEA PUBLISHING COMPANY
NEW YORK

1949

PRINTED IN THE UNITED STATES OF AMERICA

Vorwort zur 1. Auflage.

Dies Büchlein entstammt aus Vorlesungen, die ich oft in Berlin und Göttingen gehalten habe; es verfolgt einen doppelten Zweck.

Bekanntlich ist die Zahlentheorie trotz ihrer Einfachheit und Schönheit bei den meisten Mathematikern wenig beliebt. Ihr schönster Teil, die Theorie der algebraischen Zahlen, ist überdies nur wenigen bekannt; und doch liegt schon von der Hand des Begründers, Richard Dedekinds, seit fast einem halben Jahrhundert eine vollständige und in klassischer Korrektheit durchgeführte Darstellung des Gebietes vor. Hier und in den anderen Lehrbüchern ist der Stoff so umfangreich, daß sie dem Forscher viel geleistet, aber leider wenig neue Schüler diesem herrlichen Gegenstand gewonnen haben. Darum setze ich mir im ersten Teil des Büchleins nur das eine Ziel, bis zu Dedekinds Hauptsatz hinan und ein kleines Stück weiter zu führen. Diesen Hauptsatz wird der Leser auf S. 25 lernen: *Jedes Ideal eines algebraischen Zahlkörpers ist eindeutig als Produkt von Primidealen darstellbar.* Nach seiner Entdeckung folgten einfachere Beweise dieses Satzes; aber eine lückenlose Darstellung des z. Z. kürzesten Beweises für Anfänger gab es bisher nicht. In meinem ersten Teile, der durch kein Zitat unterbrochen ist (am Schluß folgen historische Bemerkungen zum ganzen Buch), werde ich den Leser auf diesem kürzesten Wege mühelos zum Hauptsatz führen. Der Leser braucht nur folgendes zu kennen: Aus der elementaren Zahlentheorie den Satz von der eindeutigen Zerlegung der gewöhnlichen Zahlen in Primzahlen. Aus der elementaren Algebra den Fundamentalsatz von der Wurzelexistenz einer algebraischen Gleichung und den Hauptsatz über symmetrische Funktionen. Aus der Determinantentheorie die Grundeigenschaften der Determinanten und die folgenden zwei Sätze über n lineare Gleichungen mit n Unbekannten: 1. Wenn die Determinante der Koeffizienten der Unbekannten nicht verschwindet, haben die Gleichungen genau eine in bekannter Weise durch Determinantenquotienten darstellbare Lösung. 2. Wenn die Gleichungen homogen, die Koeffizienten rational sind und deren Determinante verschwindet, sind die Gleichungen stets in rationalen, nicht sämtlich verschwindenden Zahlen lösbar.

Soviel über den ersten Teil. Der Leser, der nur die Hauptsachen aus der klassischen Theorie lernen will, möge sogar mit § 5 oder § 6 aufhören. Von § 7 an werden übrigens die Elemente des Matrizenkalküls benutzt.

Der andere Zweck meines Buches besteht darin, endlich einmal die Grundtatsachen der analytischen Idealtheorie, insbesondere meinen „Primidealsatz" vom Jahre 1903 zur Kenntnis eines größeren Kreises von Mathematikern zu bringen. Unter Kenntnis verstehe ich lückenloses Durchdenken der Beweiskette von Anfang bis zu Ende. Der Primidealsatz (S. 111) besagt in der Hauptsache: *In jedem algebraischen Zahlkörper gibt es asymptotisch gleich viele Primideale.* Sein Beweis war lange gesucht worden. Auch heute kann man den Satz nicht wesentlich einfacher beweisen. Ich benutzte damals einen geometrischen, fast trivialen Hilfssatz von Weber über Gitterpunkte in der $n$ten Dimension, dessen Beweis mit arithmetischer Strenge darzustellen etwas langwierig wäre. Und doch hätte ich den Primidealsatz in diesem Buche auf meinem alten Wege bewiesen, wenn nicht erfreulicherweise vor einigen Monaten die bedeutende, der künftigen Entwickelung neue Wege weisende Entdeckung von Herrn Hecke (S. 74) gemacht worden wäre: *Die Dedekindsche Zetafunktion ist in der ganzen Ebene fortsetzbar und genügt einer Funktionalgleichung.* Durch Verbindung des Heckeschen Satzes mit den Methoden der modernen Primzahltheorie ergibt sich sofort eine Fülle neuer Resultate.

Ich werde somit im zweiten Teile erst den Heckeschen Satz beweisen, dann meinen alten Primidealsatz in neu verschärfter Fassung und manche anderen neuen Gesetze. Insbesondere bewähren meine Methoden ihre Kraft bei Problemen der analytischen Idealtheorie, die mit der Verteilung der Primideale nichts zu tun haben; nicht nur brauche ich im gegenwärtigen Buch die seinerzeit von Weber aus seinem Hilfssatz gefolgerte asymptotische Abschätzung der Anzahl aller Ideale nicht; sondern nachträglich ergibt sich diese Abschätzung schärfer, als bisher bekannt war.

In diesem zweiten Teil setze ich nichts aus der Primzahltheorie oder sonstigen analytischen Zahlentheorie voraus, sondern — außer den Vorkenntnissen des ersten Teils und diesem selbst — nur die Elemente der Theorie der Funktionen einer komplexen Variablen. Umgekehrt lernt der Leser z. B. den „Primzahlsatz" als Spezialfall des Primidealsatzes kennen und die Riemannsche Zetafunktion als Spezialfall der Dedekindschen Zetafunktion. Aus meinem *Handbuch der Lehre von der Verteilung der Primzahlen* (Leipzig und Berlin, Teubner, 1909) zitiere ich nur Beweise neuerer Hilfssätze der reinen Funktionentheorie, welche unabhängig von seinem sonstigen Text lesbar sind.

Es kann also jeder Student in den Anfangssemestern meinen ersten Teil und jeder Student in mittleren Semestern meinen zweiten Teil lesen, wenn er nur vorher die genannten algebraischen Grundlagen erworben hat und (für meinen zweiten Teil) etwa den Stoff einiger Abschnitte der beiden Göschen-Bändchen von Herrn Knopp über Funktionentheorie kennt.

Ich bin den Herren Privatdozent Dr. Bernays in Zürich, Dr. Kober in Beuthen, Prof. Dr. Lichtenstein in Berlin, Direktor Dr. Ziegel in Berlin und Frau Müller in Göttingen sehr dankbar dafür, daß sie mich bei der Korrektur unterstützt haben.

Göttingen, den 11. Juni 1917.

Edmund Landau.

Vorwort zur 2. Auflage.

Diese Neuausgabe ist ein photomechanischer Neudruck mit einigen Änderungen.

Zu erwähnen ist nur, daß das Buch jetzt unabhängig von meinem *Handbuch* geworden ist. Das hauptsächlichste Zitat war bei Satz 176 (= 169 der Neuausgabe). Für diesen klassischen Hadamardschen Satz habe ich kürzlich einen ganz einfachen Beweis angegeben; diesen habe ich hier aufgenommen und die Gelegenheit benutzt, um die übrigen Zitate durch Einfügung der schon damals kurzen Beweise zu ersetzen.

Diesmal half mir bei der Herstellung des Manuskriptes und den Korrekturen mein Kollege, Herr Privatdozent Dr. Grandjot in Göttingen; ich danke ihm herzlich.

Göttingen, den 11. Juli 1927.

Edmund Landau.

Inhaltsverzeichnis.

Erster Teil.

Elementare Idealtheorie.

Zweiter Teil.

Analytische Idealtheorie.

Erstes Kapitel.

Fortsetzung der Dedekindschen Zetafunktion.

Zweites Kapitel.

Von den Wurzeln der Zetafunktion im kritischen Streifen.

Drittes Kapitel.

Der Primidealsatz.

Viertes Kapitel.

Verallgemeinerung der Riemann- von Mangoldtschen Primzahlformel.

Fünftes Kapitel.

Die Anzahl der Ideale mit Norm $\leqq x$.

Erster Teil.

Elementare Idealtheorie.

§ 1. Von den Polynomen.

Definition 1: *Unter Polynom werde in der Folge eine ganze rationale Funktion einer Variabeln x mit rationalen Koeffizienten verstanden.*

Definition 2: *Ist ein Polynom nicht identisch* 0, *ist es also von der Gestalt*

$$f(x) = a_n x^n + a_{n-1} x^{n-1} + \cdots + a_0,$$

wo $a_n \gtrless 0$ ist, so heißt n der Grad dieses Polynoms.

Satz 1: *Das Produkt eines Polynoms $n_1$ten Grades und eines Polynoms $n_2$ten Grades ist ein Polynom $(n_1 + n_2)$ten Grades.*

Beweis: Klar.

Definition 3: *Sind $f(x)$ und $g(x)$ Polynome, davon $f(x)$ nicht identisch* 0, *so heißt $g(x)$ durch $f(x)$ teilbar, wenn $g(x)$ gleich dem Produkt von $f(x)$ mit einer gewissen ganzen rationalen Funktion ist (die eo ipso rationale Koeffizienten hat). Bezeichnung:*

$$f(x) \mid g(x).$$

Satz 2: *Aus $f(x) \mid g(x)$, $g(x) \mid f(x)$ folgt $f(x) = c g(x)$, wo c eine rationale Zahl ist.*

Beweis: Nach Satz 1 hat $f(x)$ denselben Grad wie $g(x)$.

Satz 3: *Es seien $f(x)$ und $g(x)$ zwei Polynome, keines davon identisch* 0. *Dann gibt es ein Polynom $h(x)$ derart, daß erstens*

$$h(x) \mid f(x), \quad h(x) \mid g(x) \tag{1}$$

ist; zweitens bei passender Wahl zweier Polynome $F(x)$, $G(x)$

$$h(x) = F(x) f(x) + G(x) g(x). \tag{2}$$

Beweis: Unter allen nicht identisch verschwindenden Polynomen $h(x)$ der Gestalt (2) wähle ich eines kleinstmöglichen Grades. Ich behaupte, daß es (1) erfüllt. Denn wäre z. B. $f(x)$ nicht durch $h(x)$ teilbar, so wäre nach dem gewöhnlichen Divisionsverfahren

$$f(x) = q(x) h(x) + r(x),$$

wo $q(x)$ und $r(x)$ Polynome sind und $r(x)$ kleineren Grad hat als $h(x)$; und es wäre

$$\begin{aligned} r(x) = f(x) - q(x)h(x) = f(x) - q(x)(F(x)f(x) + G(x)g(x)) \\ = F_1(x)f(x) + G_1(x)g(x). \end{aligned}$$

Satz 4: *Es seien $f(x)$ und $g(x)$ zwei Polynome, keines davon identisch 0. Dann gibt es genau ein Polynom $d(x)$ mit höchstem Koeffizienten 1 derart, daß erstens*

$$d(x) \mid f(x), \quad d(x) \mid g(x) \tag{3}$$

ist; zweitens jedes $k(x)$, das

$$k(x) \mid f(x), \quad k(x) \mid g(x) \tag{4}$$

erfüllt, auch der Bedingung

$$k(x) \mid d(x) \tag{5}$$

genügt.

Beweis: 1. Unter den $h(x)$, die den Satz 3 erfüllen, gibt es eines, $d(x)$, mit höchstem Koeffizienten 1, da mit $h(x)$ auch $ch(x)$ für rationales $c \gtrless 0$ den Bedingungen des Satzes 3 genügt. Erstens geht dies $d(x)$ in $f(x)$ und $g(x)$ auf; zweitens folgt (5) aus (4) wegen

$$d(x) = F_2(x)f(x) + G_2(x)g(x). \tag{6}$$

2. Wenn zwei Polynome $d_1(x)$, $d_2(x)$ die Bedingungen des Satzes 4 erfüllen, so folgt wegen $d_1(x) \mid d_2(x)$, $d_2(x) \mid d_1(x)$ nach Satz 2, daß sie sich nur um einen konstanten Faktor unterscheiden; und dieser ist 1, da $d_1(x)$ und $d_2(x)$ den höchsten Koeffizienten 1 haben.

Definition 4: *Das $d(x)$ des Satzes 4 heißt der größte gemeinsame Teiler von $f(x)$ und $g(x)$.*

Definition 5: *Ist $d(x) = 1$, also jeder gemeinsame Teiler von $f(x)$ und $g(x)$ eine Konstante, so heißen $f(x)$ und $g(x)$ teilerfremd.*

Satz 5: *Ein Polynom nullten Grades ist zu jedem nicht identisch verschwindenden Polynom teilerfremd.*

Beweis: Klar.

Satz 6: *$f(x)$ und $g(x)$ seien zwei Polynome, keines davon identisch 0. Dann und nur dann, wenn $f(x)$ und $g(x)$ teilerfremd sind, haben die Gleichungen $f(x) = 0$ und $g(x) = 0$ keine Wurzel gemeinsam.*

Beweis: 1. Aus $f(\xi) = 0$, $g(\xi) = 0$ folgt $d(\xi) = 0$ wegen (6), so daß $d(x)$ nicht konstant 1 ist.

2. Ist $d(x)$ nicht konstant 1, also von positivem Grade, so hat $d(x) = 0$ nach dem Fundamentalsatz der Algebra eine Wurzel ξ, die dann wegen (3) auch den Gleichungen $f(x) = 0$, $g(x) = 0$ genügt.

Definition 6: *Ein Polynom $f(x)$, das nicht identisch 0 ist, heißt reduzibel bzw. irreduzibel, wenn es eine bzw. keine Zerlegung*

$$f(x) = f_1(x) f_2(x) \tag{7}$$

in zwei Polynome positiven Grades gibt.

Satz 7: *Jedes Polynom des Grades 0 oder 1 ist irreduzibel.*

Beweis: Folgt aus Satz 1.

Satz 8: *Mit $f(x)$ ist auch $cf(x)$, wo $c \gtrless 0$ und rational ist, irreduzibel.*

Beweis: Aus $cf(x) = f_1(x) f_2(x)$ folgt $f(x) = \frac{1}{c} f_1(x) f_2(x) = f_3(x) f_2(x)$, wo mit f_1, f_2 auch f_3, f_2 positiven Grad haben.

Satz 9: *Es sei $f(x)$ irreduzibel, $g(x)$ irgend ein Polynom. Es gebe eine solche Wurzel ξ der Gleichung*

$$f(x) = 0, \tag{8}$$

daß

$$g(\xi) = 0 \tag{9}$$

ist. Dann ist

$$f(x) \mid g(x), \tag{10}$$

also für jede Wurzel η von (8) auch

$$g(\eta) = 0.$$

Beweis: 1. Wenn $g(x)$ identisch 0 ist, ist (10) natürlich erfüllt.

2. Wenn $g(x)$ nicht identisch 0 ist, werde der größte gemeinsame Teiler $d(x)$ von $f(x)$ und $g(x)$ betrachtet. Wegen $d(x) \mid f(x)$ und der Irreduzibilität von $f(x)$ ist $d(x) = 1$ oder $d(x) = cf(x)$; ersteres geht nicht wegen (9) und Satz 6; also ist $d(x) = cf(x)$, $cf(x) \mid g(x)$, $f(x) \mid g(x)$.

Satz 10: *Ein irreduzibles Polynom $f(x)$ hat mit keinem Polynom niedrigeren Grades $g(x)$ eine Wurzel gemeinsam.*

Beweis: Nach Satz 9 wäre sonst $f(x) \mid g(x)$, was Satz 1 widerspricht.

Satz 11: *Ein irreduzibles Polynom $f(x)$ hat keine mehrfache Wurzel.*

Beweis: Sonst hätte $f(x)$ mindestens den Grad 2 und mit dem Polynom niedrigeren Grades $f'(x)$ eine Wurzel gemeinsam, gegen Satz 10.

§ 2. Von den algebraischen Zahlen.

Definition 7: *Eine komplexe Zahl ϑ heißt algebraische Zahl, wenn es mindestens ein nicht identisch verschwindendes Polynom $f(x)$ gibt, so daß*

$$f(\vartheta) = 0$$

ist.

Satz 12: *Jede algebraische Zahl ϑ genügt mindestens einer Gleichung*

$$g(\vartheta) = 0,$$

wo $g(x)$ ein nicht identisch verschwindendes Polynom mit ganzzahligen Koeffizienten ist.

Beweis: In dem $f(x)$ der Definition 7 sei, wenn nicht schon alle Koeffizienten ganz sind, r der Hauptnenner der nicht verschwindenden Koeffizienten; dann hat man nur $rf(x) = g(x)$ zu setzen.

Satz 13: *Jede rationale Zahl a ist algebraisch.*

Beweis: Man nehme $f(x) = x - a$.

Satz 14: *Jede algebraische Zahl ϑ genügt wenigstens einer Gleichung $f(x) = 0$, wo $f(x)$ irreduzibel ist.*

Beweis: Unter allen Polynomen, die für $x = \vartheta$ verschwinden, sei $f(x)$ eines von kleinstem Grad. Ich behaupte, daß dies $f(x)$ irreduzibel ist. Sonst folgte aus (7), wo $f_1(x)$ und $f_2(x)$ kleineren Grad haben als $f(x)$, daß $f_1(\vartheta) = 0$ oder $f_2(\vartheta) = 0$ wäre.

Satz 15: *Jede algebraische Zahl ϑ genügt genau einer Gleichung $f(x) = 0$, wo $f(x)$ irreduzibel ist und den höchsten Koeffizienten 1 hat.*

Beweis: Aus Satz 14 und Satz 8 folgt die Existenz mindestens eines solchen $f(x)$. Wenn $f(x)$ und $F(x)$ diese Eigenschaft haben, ist nach Satz 9 sowohl $f(x) \mid F(x)$ als auch $F(x) \mid f(x)$, also $f(x) = F(x)$.

Definition 8: *Ist ϑ eine algebraische Zahl, $f(x)$ das Polynom des Satzes 15 und n sein Grad, so sagt man: ϑ ist eine algebraische Zahl $n$ten Grades, und die nach Satz 11 verschiedenen Wurzeln $\vartheta_1, \cdots, \vartheta_n$ von $f(x) = 0$ (von denen ϑ eine ist) heißen die zu ϑ konjugierten algebraischen Zahlen.*

Satz 16: *Die zu einer algebraischen Zahl $n$ten Grades ϑ konjugierten Zahlen sind auch algebraische Zahlen $n$ten Grades.*

Beweis: Sie gehören zu demselben irreduzibeln $f(x)$.

Satz 17: *Wenn ein Polynom $g(x)$ für eine algebraische Zahl verschwindet, so verschwindet $g(x)$ für die konjugierten Zahlen.*

Beweis: Folgt aus Satz 9.

Definition 9: *ϑ heißt eine ganze algebraische Zahl, wenn es ein Polynom*

$$g(x) = x^m + b_{m-1}x^{m-1} + \cdots + b_0$$

mit höchstem Koeffizienten 1 und ganzzahligen übrigen Koeffizienten gibt, so daß

$$g(\vartheta) = 0$$

ist.

Satz 18: *Jede ganze rationale Zahl ist zugleich eine ganze algebraische Zahl; keine der übrigen rationalen Zahlen ist ganz algebraisch.*

Beweis: 1. Ist a eine ganze rationale Zahl, so ist sie Wurzel von

$$g(x) = x - a = 0.$$

2. Ist das rationale, von 0 verschiedene $\frac{q}{r}$ (q, r ganz und teilerfremd) eine ganze algebraische Zahl, so folgt aus

$$\left(\frac{q}{r}\right)^m + b_{m-1}\left(\frac{q}{r}\right)^{m-1} + \cdots + b_0 = 0,$$

wo die b ganze rationale Zahlen sind,

$$q^m + b_{m-1} r q^{m-1} + \cdots + b_0 r^m = 0,$$

so daß r in q^m aufgeht. Daher ist $r = \pm 1$, $\frac{q}{r}$ ganz rational.

Definition 10: *Von jetzt ab bedeutet ganze Zahl kurz den Begriff ganze algebraische Zahl; ganze rationale Zahl das übliche* $0, \pm 1, \pm 2, \cdots$.

Satz 19: *Die zu einer ganzen Zahl konjugierten Zahlen sind ganz.*

Beweis: ϑ genüge der Gleichung

$$g(x) = x^m + b_{m-1}x^{m-1} + \cdots + b_0 = 0$$

mit ganzen rationalen b. Nach Satz 17 ist für die zu ϑ konjugierten Zahlen $g(x) = 0$.

Satz 20: *Ist ϑ algebraisch, so gibt es ein ganzes rationales positives r derart, daß $r\vartheta$ ganz ist.*

Beweis: Nach Satz 12 ist bei passender Wahl von $m, c_m, \cdots, c_0$

$$c_m \vartheta^m + \cdots + c_0 = 0,$$

wo die c ganz rational sind und $c_m \gtrless 0$ ist. Also ist

$$(c_m\vartheta)^m + c_{m-1}(c_m\vartheta)^{m-1} + c_{m-2}c_m(c_m\vartheta)^{m-2} + \cdots + c_0 c_m^{m-1} = 0,$$
$$(|c_m|\vartheta)^m \pm c_{m-1}(|c_m|\vartheta)^{m-1} + \cdots \pm c_0 c_m^{m-1} = 0,$$

so daß $|c_m|\vartheta$ ganz ist.

Satz 21: 1. *ϑ sei eine komplexe Zahl. Es gebe ein ganzes rationales $k \geqq 1$ und k komplexe, nicht sämtlich verschwindende Zahlen $\xi_1, \cdots, \xi_k$, so daß*

$$(11)\qquad \begin{cases} \vartheta\xi_1 = a_{11}\xi_1 + \cdots + a_{1k}\xi_k, \\ \cdot\ \cdot\ \cdot\ \cdot\ \cdot\ \cdot\ \cdot\ \cdot\ \cdot\ \cdot\ \cdot \\ \vartheta\xi_k = a_{k1}\xi_1 + \cdots + a_{kk}\xi_k \end{cases}$$

ist, wo die k^2 Koeffizienten a rational sind. Dann ist ϑ algebraisch und zwar von höchstens $k$tem Grade.

2. *Sind die k^2 Koeffizienten a sogar ganz rational, so ist ϑ ganz.*

Beweis: Beide Behauptungen folgen daraus, daß das Gleichungssystem (11) als k homogene lineare Gleichungen mit den nicht sämtlich verschwindenden Unbekannten $\xi_1, \cdots, \xi_k$ angesehen werden kann. Aus (11) folgt ja deswegen

$$0 = \begin{vmatrix} \vartheta - a_{11}, & -a_{12}, & \cdots, & -a_{1k} \\ \cdot & \cdot & \cdot & \cdot \\ -a_{k1}, & -a_{k2}, & \cdots, & \vartheta - a_{kk} \end{vmatrix} = \vartheta^k + c_{k-1}\vartheta^{k-1} + \cdots + c_0$$

mit 1. rationalen c, 2. ganzen rationalen c.

Satz 22: *α und β seien algebraisch bzw. sogar ganz. Dann ist $\alpha + \beta$, $\alpha - \beta$ und $\alpha\beta$ algebraisch bzw. sogar ganz.*

Beweis: α und β genügen nach Voraussetzung Gleichungen

$$\alpha^n + a_{n-1}\alpha^{n-1} + \cdots + a_0 = 0,$$
$$\beta^m + b_{m-1}\beta^{m-1} + \cdots + b_0 = 0,$$

wo $n > 0$, $m > 0$ ist und die a, b rational bzw. ganz rational sind. Ich setze $k = nm$ und in irgend einer Anordnung

$$\xi_1, \cdots, \xi_k = 1, \alpha, \cdots, \alpha^{n-1}; \beta, \alpha\beta, \cdots, \alpha^{n-1}\beta; \cdots; \beta^{m-1}, \alpha\beta^{m-1}, \cdots, \alpha^{n-1}\beta^{m-1},$$

kurz

$$\xi = \alpha^N\beta^M, \qquad 0 \leqq N < n, \ 0 \leqq M < m.$$

Dann ist für jedes dieser ξ

$$\alpha\xi = \alpha^{N+1}\beta^M = \begin{cases} \text{einem } \xi_j & \text{für } N < n-1, \\ (-a_{n-1}\alpha^{n-1} - \cdots - a_0)\beta^M & \text{für } N = n-1, \end{cases}$$

also jedenfalls

(12) $$\alpha\xi = c_1\xi_1 + \cdots + c_k\xi_k,$$

wo die c rational bzw. ganz rational sind. Ebenso

(13) $$\beta\xi = d_1\xi_1 + \cdots + d_k\xi_k;$$

wo die d rational bzw. ganz rational sind. Also

$$(\alpha \pm \beta)\xi = e_1\xi_1 + \cdots + e_k\xi_k,$$

wo die e rational bzw. ganz rational sind. Dies gilt für jedes $\xi = \xi_1, \cdots, \xi_k$. Nach Satz 21 ist demnach, da eine der Zahlen ξ gleich 1 ist, also nicht alle verschwinden, sowohl die Zahl $\vartheta = \alpha + \beta$ als auch die Zahl $\vartheta = \alpha - \beta$ algebraisch bzw. ganz.

Ferner folgt aus (12)

$$\alpha\beta\xi = c_1\beta\xi_1 + \cdots + c_k\beta\xi_k,$$

also nach (13)

$$\alpha\beta\xi = c_1(d_{11}\xi_1 + \cdots + d_{1k}\xi_k) + \cdots + c_k(d_{k1}\xi_1 + \cdots + d_{kk}\xi_k)$$
$$= f_1\xi_1 + \cdots + f_k\xi_k,$$

wo die f rational bzw. ganz rational sind. Nach Satz 21 ist also $\alpha\beta$ algebraisch bzw. ganz.

Satz 23: *Jede ganze rationale Funktion mehrerer ganzer Zahlen mit ganzen rationalen Koeffizienten ist eine ganze Zahl.*

Beweis: Folgt aus Satz 22.

Satz 24: *Ist ϑ ganz, so sind alle Koeffizienten des irreduzibeln $f(x)$ mit höchstem Koeffizienten 1, das ϑ nach Satz 15 zur Wurzel hat, ganz rational.*

Beweis: Jeder dieser Koeffizienten genügt als elementare symmetrische Funktion der zu ϑ konjugierten, nach Satz 19 ganzen Zahlen den Voraussetzungen von Satz 23, ist also nach Satz 23 ganz, außerdem rational, also nach Satz 18 ganz rational.

Satz 25: *Ist*

$$\mu^r + \alpha\mu^{r-1} + \beta\mu^{r-2} + \cdots + \varkappa\mu + \lambda = 0 \qquad (r > 0),$$

wo $\alpha, \beta, \cdots, \varkappa, \lambda$ ganz sind, so ist μ ganz.

Beweis: $\alpha, \beta, \cdots, \lambda$ mögen den Gleichungen positiven Grades

$$\begin{aligned} &\alpha^n + a_{n-1}\alpha^{n-1} + \cdots + a_0 = 0, \\ &\beta^m + b_{m-1}\beta^{m-1} + \cdots + b_0 = 0, \\ &\cdot\quad\cdot\quad\cdot\quad\cdot\quad\cdot\quad\cdot\quad\cdot\quad\cdot\quad\cdot\quad\cdot\quad\cdot\quad\cdot \\ &\lambda^q + l_{q-1}\lambda^{q-1} + \cdots + l_0 = 0 \end{aligned}$$

mit ganzen rationalen $a, b, \cdots, l$ genügen. Ich setze $k = nm\cdots qr$ und in irgend einer Anordnung

$$\xi_1, \cdots, \xi_k = \alpha^N\beta^M\cdots\lambda^Q\mu^R, \quad 0 \leqq N < n,\ 0 \leqq M < m, \cdots, 0 \leqq R < r,$$

so daß sicher 1 unter diesen Zahlen vorkommt. Dann ist für jedes dieser ξ

$$\mu\xi = \alpha^N\beta^M\cdots\lambda^Q\mu^{R+1},$$

also, falls $R < r - 1$ ist, $\mu\xi = \xi_j$; falls $R = r - 1$ ist,

$$\begin{aligned} \mu\xi &= \alpha^N\beta^M\cdots\lambda^Q(-\alpha\mu^{r-1} - \cdots - \lambda) \\ &= -\alpha^{N+1}\beta^M\cdots\lambda^Q\mu^{r-1} - \cdots - \alpha^N\beta^M\cdots\lambda^{Q+1}. \end{aligned} \tag{14}$$

Hierin ist

$$\alpha^{N+1}\beta^M\cdots\lambda^Q\mu^{r-1} = \begin{cases} \xi_j & \text{für } N < n-1, \\ (-a_{n-1}\alpha^{n-1} - \cdots - a_0)\beta^M\cdots\lambda^Q\mu^{r-1} & \text{für } N = n-1, \end{cases}$$

also jedenfalls

$$\alpha^{N+1}\beta^M\cdots\lambda^Q\mu^{r-1} = c_1\xi_1 + \cdots + c_k\xi_k$$

mit ganzen rationalen c; ebenso ist jedes andere Glied der rechten Seite von (14) von dieser Gestalt. Also ist jedenfalls

$$\mu\xi = e_1\xi_1 + \cdots + e_k\xi_k$$

für jedes $\xi = \xi_1, \cdots, \xi_k$, also μ nach Satz 21 ganz.

Satz 26: *Sind* $\delta_0, \cdots, \delta_r$ *ganz*, $\delta_r \neq 0$, $r \geq 1$, *und ist* μ *eine Wurzel von*

(15) $$f(x) = \delta_r x^r + \cdots + \delta_1 x + \delta_0 = 0,$$

so ist $\delta_r \mu$ *ganz (auch wenn* μ *nicht ganz ist).*

Beweis: Es ist

$$(\delta_r \mu)^r + \delta_{r-1}(\delta_r \mu)^{r-1} + \cdots + \delta_r^{r-2}\delta_1(\delta_r \mu)^1 + \delta_r^{r-1}\delta_0 = 0,$$

also $\delta_r \mu$ ganz nach Satz 25.

Satz 27: *Unter den Voraussetzungen von Satz 26 hat die ganze rationale Funktion* $\frac{f(x)}{x-\mu}$ *ganzzahlige Koeffizienten.*

Beweis: Für $r = 1$ ist die Behauptung wegen $f(x) = \delta_1(x - \mu)$ klar. Sie werde im Falle $r > 1$ bis zu $r - 1$ als bewiesen angenommen. Die Funktion

$$f(x) - (x - \mu)\delta_r x^{r-1} = g(x)$$

hat nach Satz 26 ganzzahlige Koeffizienten, außerdem die Wurzel μ. Ferner ist

$$g(x) = \varepsilon_{r-1}x^{r-1} + \cdots + \varepsilon_0.$$

Daher ist

$$g(x) = (x - \mu)h(x),$$

wo $h(x)$ ganzzahlige Koeffizienten hat, also

$$f(x) = (x - \mu)(\delta_r x^{r-1} + h(x)).$$

Satz 28: *Sind* $\mu_1, \cdots, \mu_R$ $(1 \leq R \leq r)$ *beliebig gewählte Wurzeln von* (15), *mehrfache höchstens in der betreffenden Vielfachheit, so ist* $\delta_r \mu_1 \cdots \mu_R$ *ganz.*

Beweis: Aus

$$f(x) = \delta_r(x - \mu_1)\cdots(x - \mu_R)(x - \mu_{R+1})\cdots(x - \mu_r)$$

folgt durch sukzessive Anwendung des Satzes 27, daß

$$\frac{f(x)}{x-\mu_r}, \frac{f(x)}{(x-\mu_{r-1})(x-\mu_r)}, \ldots, \frac{f(x)}{(x-\mu_{R+1})\cdots(x-\mu_r)} = \delta_r(x-\mu_1)\cdots(x-\mu_R)$$

ganze Koeffizienten haben. Das konstante Glied der letzten Funktion ist aber $(-1)^R \delta_r \mu_1 \cdots \mu_R$.

Definition 11: α *und* β *seien ganz*, $\alpha \neq 0$. *Dann heißt* β *teilbar durch* α, *wenn* $\frac{\beta}{\alpha}$ *ganz ist*[1]). *Bezeichnung:*

$$\alpha \mid \beta.$$

---

1) Dies enthält den Begriff Teilbarkeit für ganze rationale Zahlen, und die andersartige Bedeutung des Begriffs für Polynome wird nur noch einmal vorkommen (S. 11).

Satz 29: *Aus* $\alpha \mid \beta_1, \cdots, \alpha \mid \beta_m$ *folgt für beliebige ganze* $\lambda_1, \cdots, \lambda_m$

$$\alpha \mid \beta_1\lambda_1 + \cdots + \beta_m\lambda_m.$$

Beweis: Nach Satz 23 ist $\frac{\beta_1}{\alpha}\lambda_1 + \cdots + \frac{\beta_m}{\alpha}\lambda_m$ ganz.

Satz 30: *Es seien in*

$$g(x) = \alpha_l x^l + \cdots + \alpha_0 \qquad (\alpha_l \neq 0),$$
$$h(x) = \beta_m x^m + \cdots + \beta_0 \qquad (\beta_m \neq 0)$$

die α, β *ganz, und es werde*

$$g(x)h(x) = \gamma_{l+m}x^{l+m} + \cdots + \gamma_0$$

gesetzt, wo also die γ *ganz sind. Wenn eine ganze Zahl* ν *alle* γ *teilt, so ist für* $0 \leqq L \leqq l,\ \ 0 \leqq M \leqq m$

$$\nu \mid \alpha_L\beta_M.$$

Beweis: Für $l = 0$ ist der Satz trivial, ebenso für $m = 0$. Es darf daher $l > 0$, $m > 0$ angenommen werden. Es sei, in Linearfaktoren zerlegt,

$$g(x) = \alpha_l(x - \xi_1)\cdots(x - \xi_l),$$
$$h(x) = \beta_m(x - \eta_1)\cdots(x - \eta_m),$$

also

$$\frac{g(x)h(x)}{\nu} = \frac{\alpha_l\beta_m}{\nu}(x - \xi_1)\cdots(x - \eta_m).$$

Diese Funktion hat nach Voraussetzung ganzzahlige Koeffizienten; also ist nach Satz 28 jedes Produkt

$$\frac{\alpha_l\beta_m}{\nu}\xi'\xi''\cdots\eta'\eta''\cdots$$

ganz. Andererseits ist als elementare symmetrische Funktion

$$\alpha_L = \pm\alpha_l \sum \xi'\xi''\cdots,\ \beta_M = \pm\beta_m \sum \eta'\eta''\cdots,$$ [1]

also jedes

$$\frac{\alpha_L\beta_M}{\nu} = \sum \pm \frac{\alpha_l\beta_m}{\nu}\xi'\xi''\cdots\eta'\eta''\cdots$$

ganz, da jedes Glied rechts es ist.

§ 3. Von den algebraischen Zahlkörpern.

Definition 12: ϑ *sei eine algebraische Zahl. Dann nennt man die Gesamtheit der Zahlen* α *der Gestalt*

$$\alpha = \frac{f_1(\vartheta)}{f_2(\vartheta)}, \tag{16}$$

1) Für $L = l$ oder $M = m$ bedeutet hier natürlich Σ den Wert 1.

wo $f_1(x)$, $f_2(x)$ *Polynome sind und* $f_2(\vartheta) \neq 0$ *ist, den durch* ϑ *erzeugten algebraischen Zahlkörper, kurz Zahlkörper, noch kürzer Körper* $\mathsf{P}(\vartheta)$.

Satz 31: *Sind* α_1 *und* α_2 *Zahlen des Körpers, so gehört auch* $\alpha_1 + \alpha_2$, $\alpha_1 - \alpha_2$, $\alpha_1\alpha_2$ *und im Falle* $\alpha_2 \neq 0$ *auch* $\frac{\alpha_1}{\alpha_2}$ *dem Körper an.*

Beweis:

$$\frac{f_1(\vartheta)}{f_2(\vartheta)} \pm \frac{f_3(\vartheta)}{f_4(\vartheta)} = \frac{f_1(\vartheta)f_4(\vartheta) \pm f_2(\vartheta)f_3(\vartheta)}{f_2(\vartheta)f_4(\vartheta)} \qquad (f_2(\vartheta) \neq 0, f_4(\vartheta) \neq 0),$$

$$\frac{f_1(\vartheta)}{f_2(\vartheta)} \cdot \frac{f_3(\vartheta)}{f_4(\vartheta)} = \frac{f_1(\vartheta)f_3(\vartheta)}{f_2(\vartheta)f_4(\vartheta)} \qquad (f_2(\vartheta) \neq 0, f_4(\vartheta) \neq 0),$$

$$\frac{f_1(\vartheta)}{f_2(\vartheta)} : \frac{f_3(\vartheta)}{f_4(\vartheta)} = \frac{f_1(\vartheta)f_4(\vartheta)}{f_2(\vartheta)f_3(\vartheta)} \qquad (f_2(\vartheta) \neq 0, f_3(\vartheta) \neq 0, f_4(\vartheta) \neq 0).$$

Satz 32: *Wenn* ϑ *den Grad* n *hat, läßt sich jede Zahl* α *von* $\mathsf{P}(\vartheta)$ *auf die Gestalt*

$$\alpha = r(\vartheta)$$

bringen, wo $r(x)$ *identisch* 0 *oder ein Polynom höchstens* $(n-1)$*ten Grades ist. Und zwar gibt es genau ein solches* $r(x)$.

Mit anderen Worten: α *ist mit rationalen* c *in der Gestalt*

$$\alpha = c_0 + c_1\vartheta + \cdots + c_{n-1}\vartheta^{n-1}$$

darstellbar, und zwar nur auf eine Weise.

Beweis: 1. Nach Definition ist α von der Gestalt (16). Es sei $f(x)$ die nach Satz 15 zu ϑ gehörige irreduzible Funktion. Wegen $f_2(\vartheta) \neq 0$ sind $f(x)$ und $f_2(x)$ nach Satz 6 und 9 teilerfremd; also ist nach (6) bei passender Wahl zweier Polynome $F_2(x)$, $G_2(x)$

$$1 = F_2(x)f(x) + G_2(x)f_2(x),$$

$$1 = F_2(\vartheta)f(\vartheta) + G_2(\vartheta)f_2(\vartheta) = G_2(\vartheta)f_2(\vartheta),$$

$$\frac{1}{f_2(\vartheta)} = G_2(\vartheta),$$

$$\alpha = f_1(\vartheta)G_2(\vartheta) = F(\vartheta),$$

wo $F(x)$ ein Polynom ist. $F(x)$ werde durch $f(x)$ dividiert:

$$F(x) = q(x)f(x) + r(x),$$

wo $r(x)$ identisch 0 ist oder kleineren als $n$ten Grad hat. Dann ist

$$\alpha = q(\vartheta)f(\vartheta) + r(\vartheta) = r(\vartheta).$$

2. Diese Darstellung

$$\alpha = c_0 + c_1\vartheta + \cdots + c_{n-1}\vartheta^{n-1}$$

ist eindeutig; denn aus

$$\alpha = c_0 + c_1\vartheta + \cdots + c_{n-1}\vartheta^{n-1} = d_0 + d_1\vartheta + \cdots + d_{n-1}\vartheta^{n-1}$$

(mit rationalen c, d) folgt

$$(c_0 - d_0) + \cdots + (c_{n-1} - d_{n-1})\vartheta^{n-1} = 0,$$

also nach Satz 10

$$c_0 = d_0, \cdots, c_{n-1} = d_{n-1}.$$

Satz 33: *ϑ habe den Grad n; α sei irgend eine Zahl von $\mathsf{P}(\vartheta)$. Dann ist α algebraisch und zwar vom Grade k, wo k ein Teiler von n ist. Hierbei ist k die Anzahl der verschiedenen unter den Zahlen*

$$(17) \qquad r(\vartheta_1), \cdots, r(\vartheta_n),$$

wo $r(x)$ die Bedeutung aus Satz 32 hat und $\vartheta_1, \cdots, \vartheta_n$ die zu ϑ konjugierten Zahlen sind. Ferner kommt jede der verschiedenen unter den Zahlen (17) in dieser Reihe gleich oft, also je $\frac{n}{k}$ mal vor. Endlich sind die verschiedenen der Zahlen (17) die zu α konjugierten Zahlen.

Beweis: 1. Die Funktion

$$g(x) = \prod_{m=1}^{n} (x - r(\vartheta_m))$$

hat nach dem Satze über symmetrische Funktionen rationale Koeffizienten. α ist Wurzel dieses Polynoms $g(x)$, also algebraische Zahl und zwar vom Grade $k \leqq n$.

2. Es sei $h(x)$ die nach Satz 15 zu α gehörige irreduzible Funktion. Dann ist $h(x)$ vom Grade k und

$$(18) \qquad h(r(\vartheta)) = 0.$$

Das Polynom $h(r(x))$ verschwindet also nach Satz 17 für $x = \vartheta_1, \cdots, x = \vartheta_n$.

a) Wenn die Zahlen (17) verschieden sind, ist also $g(x) = h(x)$, $k = n$ und alles bewiesen.

b) Anderenfalls ist $g(x)$ nach Satz 11 reduzibel, $k < n$ und das Polynom $g(x)$ durch $h(x)$ teilbar. Es sei $(h(x))^q$ die höchste Potenz von $h(x)$, die in $g(x)$ aufgeht:

$$g(x) = (h(x))^q G(x).$$

Dann muß das Polynom $G(x)$ — dessen höchster Koeffizient 1 ist — gleich 1 sein; denn sonst hätte es eine Wurzel ξ, die der Gleichung $g(x) = 0$, also nach (18) der Gleichung $h(x) = 0$ genügte, so daß $G(x)$ nach Satz 9 durch $h(x)$, also $g(x)$ durch $(h(x))^{q+1}$ teilbar wäre. Aus

$$g(x) = (h(x))^q$$

folgt aber $n = qk$ und alles Behauptete.

Satz 34: *Ist* $\alpha = R(\vartheta)$, *wo* $R(x)$ *ein Polynom beliebigen Grades oder identisch* 0 *ist, so ist, wenn* $r(x)$ *das Polynom des Satzes* 32 *ist,*

$$R(\vartheta_1) = r(\vartheta_1), \cdots, R(\vartheta_n) = r(\vartheta_n),$$

also die Gesamtheit der Zahlen

$$R(\vartheta_1), \cdots, R(\vartheta_n)$$

einschließlich der Reihenfolge mit (17) *identisch.*

Beweis: $f(x)$ sei die zu ϑ gehörige irreduzible Funktion, $g(x) = R(x) - r(x)$; aus $g(\vartheta) = 0$ folgt nach Satz 9

$$g(\vartheta_1) = 0, \cdots, g(\vartheta_n) = 0.$$

Satz 35: *Sind* ϑ *und* Θ *algebraische Zahlen und ist* $\mathsf{P}(\vartheta) = \mathsf{P}(\Theta)$, *so haben* ϑ *und* Θ *denselben Grad.*

Beweis: ϑ habe den Grad n, Θ den Grad m. Nach Satz 33 ist, weil Θ zu $\mathsf{P}(\vartheta)$ gehört, $m \leqq n$. Ebenso ist $n \leqq m$, also $n = m$.

Definition 13: *Grad eines algebraischen Zahlkörpers heißt der nach Satz* 35 *eindeutig bestimmte Grad* n *jeder Zahl* ϑ, *die den Körper erzeugt.*

Satz 36: *Es gibt nur einen Körper ersten Grades, den Körper* $\mathsf{P}(1)$ *der rationalen Zahlen.*

Beweis: Klar.

Satz 37: α *sei eine Zahl eines algebraischen Körpers* n*ten Grades. Dann ist die Gesamtheit der Zahlen* (17), *jede in ihrer Vielfachheit gezählt, unabhängig von dem* ϑ, *das den Körper erzeugt.*

Beweis: Die Zahlen (17) sind ja nach Satz 33 die zu α konjugierten Zahlen, jede $\frac{n}{k}$ mal, wo k der Grad von α, n der von ϑ ist, und n ist nach Satz 35 von ϑ unabhängig.

Definition 14: α *sei eine Zahl eines algebraischen Körpers* n*ten Grades. Dann nennt man* $N(\alpha)$, *kurz* $N\alpha$ *(Norm von* α*) und* $S(\alpha)$, *kurz* $S\alpha$ *(Spur von* α*) die nach Satz* 37 *nur von* α *und dem Körper abhängigen Zahlen*

$$N(\alpha) = r(\vartheta_1) \cdot r(\vartheta_2) \cdots r(\vartheta_n),$$
$$S(\alpha) = r(\vartheta_1) + r(\vartheta_2) + \cdots + r(\vartheta_n).$$

Satz 38: $N(\alpha)$ *und* $S(\alpha)$ *sind rational; ist* α *ganz, so sind* $N(\alpha)$ *und* $S(\alpha)$ *ganz rational.*

Beweis: $N(\alpha)$ ist gleich der $\frac{n}{k}$ ten Potenz des Produktes aller zu α konjugierten Zahlen, $S(\alpha)$ das $\frac{n}{k}$ fache ihrer Summe. Dies Produkt und diese Summe sind aber als elementare symmetrische Funktionen rational bzw. (für ganzes α) ganz rational.

Definition 15: *$\alpha_1, \cdots, \alpha_n$ seien Zahlen des Körpers $n$ten Grades $\mathsf{P}(\vartheta)$, $\alpha_k = r_k(\vartheta)$. Dann nennt man*

$$\Delta(\alpha_1, \cdots, \alpha_n) = \begin{vmatrix} r_1(\vartheta_1) r_1(\vartheta_2) \cdots r_1(\vartheta_n) \\ r_2(\vartheta_1) r_2(\vartheta_2) \cdots r_2(\vartheta_n) \\ \cdot \quad \cdot \quad \cdot \quad \cdot \quad \cdot \quad \cdot \\ r_n(\vartheta_1) r_n(\vartheta_2) \cdots r_n(\vartheta_n) \end{vmatrix}^2 = |r_k(\vartheta_l)|^2$$

die Diskriminante der n Zahlen.

Satz 39: *$\Delta(\alpha_1, \cdots, \alpha_n)$ ist unabhängig von der Reihenfolge der Zahlen $\alpha_1, \cdots, \alpha_n$ und unabhängig von der Reihenfolge der Zahlen $\vartheta_1, \cdots, \vartheta_n$. Ferner ist $\Delta(\alpha_1, \cdots, \alpha_n)$ von ϑ unabhängig. Endlich ist $\Delta(\alpha_1, \cdots, \alpha_n)$ rational und zwar, wenn $\alpha_1, \cdots, \alpha_n$ ganz sind, ganz rational.*

Beweis: 1. Eine Vertauschung der α_k vertauscht nur die Zeilen der Determinante $|r_k(\vartheta_l)|$, so daß das Quadrat Δ der Determinante ungeändert bleibt.

2. Eine Vertauschung der ϑ_l vertauscht nur die Spalten dieser Determinante, ändert also Δ nicht.

3. Nach dem Multiplikationstheorem der Determinanten (Zeile mal Zeile) ist

$$(19) \quad \Delta(\alpha_1, \cdots, \alpha_n) = |r_k(\vartheta_l)|\,|r_k(\vartheta_l)| = \Big|\sum_m r_k(\vartheta_m) r_l(\vartheta_m)\Big| = |S(\alpha_k \alpha_l)|,$$

da ja $\alpha_k \alpha_l = r_k(\vartheta) r_l(\vartheta)$ ist und $r_k(x) r_l(x)$ für $\alpha_k \alpha_l$ ein $R(x)$ im Sinne des Satzes 34 ist. $S(\alpha_k \alpha_l)$ ist aber von ϑ unabhängig, also auch Δ.

4. Nach Satz 38 ist $S(\alpha_k \alpha_l)$ rational und für ganze α ganz rational; Δ also desgleichen.

Satz 40: *Es seien $\beta_1, \cdots, \beta_n$ beliebige n Zahlen des Körpers, die n^2 Zahlen c_{kl} $(k = 1, \cdots, n;\ l = 1, \cdots, n)$ rational, und es werde für $1 \leqq k \leqq n$*

$$\alpha_k = \sum_l c_{kl} \beta_l$$

gesetzt. Dann ist

$$(20) \quad \Delta(\alpha_1, \cdots, \alpha_n) = |c_{kl}|^2 \Delta(\beta_1, \cdots, \beta_n).$$

Beweis: Es sei im Sinne des Satzes 32 für $1 \leqq l \leqq n$

$$\beta_l = r_l(\vartheta),$$

also

$$\alpha_k = \sum_l c_{kl} r_l(\vartheta) = q_k(\vartheta).$$

Dann ist nach dem Multiplikationstheorem

$$|q_k(\vartheta_l)| = \Big|\sum_m c_{km} r_m(\vartheta_l)\Big| = |c_{kl}|\,|r_k(\vartheta_l)|,$$

woraus durch Quadrieren (20) entsteht.

Satz 41: *Wenn* ϑ *den Körper erzeugt, ist*

$$\Delta(1, \vartheta, \cdots, \vartheta^{n-1}) \neq 0.$$

Beweis: Bekanntlich ist im Falle $n > 1$ (sonst ist die Determinante gleich 1)

$$\begin{vmatrix} 1 & 1 & \cdots & 1 \\ \vartheta_1 & \vartheta_2 & \cdots & \vartheta_n \\ \cdots & \cdots & \cdots & \cdots \\ \vartheta_1^{n-1} & \vartheta_2^{n-1} & \cdots & \vartheta_n^{n-1} \end{vmatrix} = \prod_{1 \leqq k < l \leqq n} (\vartheta_l - \vartheta_k),$$

also $\neq 0$; andererseits ist $\Delta(1, \cdots, \vartheta^{n-1})$ das Quadrat dieser Determinante.

Definition 16: *q komplexe Zahlen $\xi_1, \cdots, \xi_q$ heißen linear unabhängig, wenn aus jeder Gleichung*

$$a_1 \xi_1 + \cdots + a_q \xi_q = 0$$

mit rationalen a

$$a_1 = \cdots = a_q = 0$$

folgt. Sonst heißen sie linear abhängig.

Satz 42: *$\Delta(\alpha_1, \cdots, \alpha_n)$ ist dann und nur dann $\neq 0$, wenn $\alpha_1, \cdots, \alpha_n$ linear unabhängig sind. Ferner ist das Vorzeichen des $\Delta(\alpha_1, \cdots, \alpha_n)$ für alle Systeme linear unabhängiger α dasselbe, also durch den Körper bestimmt.*

Beweis: Setzt man nach Satz 32 für $1 \leqq k \leqq n$

$$\alpha_k = r_k(\vartheta) = \sum_{l=1}^{n} c_{kl} \vartheta^{l-1}$$

an, wo die c rational sind, so liefert Satz 40

$$\Delta(\alpha_1, \cdots, \alpha_n) = |c_{kl}|^2 \Delta(1, \cdots, \vartheta^{n-1}).$$

$\Delta(\alpha_1, \cdots, \alpha_n)$ verschwindet also nach Satz 41 dann und nur dann, wenn $|c_{kl}| = 0$ ist, und hat für $|c_{kl}| \gtrless 0$ ein vom System $\alpha_1, \cdots, \alpha_n$ unabhängiges Vorzeichen.

Andererseits ist das Bestehen einer Gleichung

$$\sum_{k=1}^{n} a_k \alpha_k = 0,$$

wo die a rational sind, wegen

$$\sum_{k=1}^{n} a_k \alpha_k = \sum_{l=1}^{n} \vartheta^{l-1} \sum_{k=1}^{n} c_{kl} a_k$$

nach Satz 10 identisch mit dem Gleichungssystem

$$\sum_{k=1}^{n} c_{kl} a_k = 0 \qquad (1 \leqq l \leqq n),$$

welches bekanntlich im Falle $|c_{kl}| = 0$ und nur in diesem Falle eine Lösung in rationalen, nicht sämtlich verschwindenden a_k hat.

Satz 43: *Wenn $\omega_1, \cdots, \omega_n$ linear unabhängige Zahlen des Körpers sind, so ist jede Zahl α des Körpers von der Gestalt*

$$(21) \qquad \alpha = b_1 \omega_1 + \cdots + b_n \omega_n,$$

wo die b rational sind, und zwar sind dann die b eindeutig bestimmt.

Beweis: 1. Die $n+1$ Zahlen $\omega_1, \cdots, \omega_n, \alpha$ sind linear abhängig; denn je $n+1$ Zahlen $\beta_1, \beta_2, \cdots, \beta_{n+1}$ des Körpers sind linear abhängig, weil das zu

$$\sum_{k=1}^{n+1} c_k \beta_k = 0,$$

$$\beta_k = \sum_{l=1}^{n} d_{kl} \vartheta^{l-1} \qquad (1 \leqq k \leqq n+1)$$

gehörige System

$$\sum_{k=1}^{n+1} d_{kl} c_k = 0 \qquad (1 \leqq l \leqq n)$$

von n linearen Gleichungen mit $n+1$ Unbekannten eine Lösung in rationalen, nicht sämtlich verschwindenden c_k besitzt. Aus

$$c_1 \omega_1 + \cdots + c_n \omega_n + c_{n+1} \alpha = 0$$

folgt aber (21), da $c_{n+1} \gtrless 0$ ist (weil sonst $\omega_1, \cdots, \omega_n$ linear abhängig wären).

2. Die Eindeutigkeit folgt unmittelbar aus der Voraussetzung.

Satz 44: *Es gibt im Körper ein System von n linear unabhängigen ganzen Zahlen $\omega_1, \cdots, \omega_n$, so daß in der nach Satz 43 eindeutig vorhandenen Darstellung (21) jeder ganzen Zahl α des Körpers die b ganz rational sind; d. h. so daß die Zahl $b_1 \omega_1 + \cdots + b_n \omega_n$ mit rationalen b dann und nur dann ganz ist, wenn die b ganz rational sind.*

Beweis: Für jedes System von n linear unabhängigen ganzen Zahlen $\omega_1, \cdots, \omega_n$ des Körpers (ein solches gibt es nach Satz 20) ist $|\Delta(\omega_1, \cdots, \omega_n)|$ nach Satz 39 und 42 eine positive ganze rationale Zahl. $\omega_1, \cdots, \omega_n$ seien so gewählt, daß dies positive $|\Delta(\omega_1, \cdots, \omega_n)|$ den kleinstmöglichen Wert hat. Ich behaupte, daß $\omega_1, \cdots, \omega_n$ den Bedingungen des Satzes genügen. Anderenfalls gäbe es eine ganze Zahl

$$\alpha = b_1 \omega_1 + \cdots + b_n \omega_n,$$

in der die rationalen b nicht alle ganz sind. Ohne Beschränkung der Allgemeinheit sei b_1 nicht ganz, also $b_1 = g + r$, wo g ganz rational, r rational und $0 < r < 1$ ist. Dann ist

$$\Omega = \alpha - g\omega_1 = r\omega_1 + b_2\omega_2 + \cdots + b_n\omega_n$$

ganz. Die Diskriminante der n Zahlen $\Omega, \omega_2, \cdots, \omega_n$ ist aber nach Satz 40

$$\begin{vmatrix} r & b_2 & b_3 \cdots b_n \\ 0 & 1 & 0 \cdots 0 \\ \cdot & \cdot & \cdot \cdots \cdot \\ 0 & 0 & 0 \cdots 1 \end{vmatrix}^2 \Delta(\omega_1, \cdots, \omega_n) = r^2 \Delta(\omega_1, \cdots, \omega_n);$$

es wäre also

$$0 < |\Delta(\Omega, \omega_2, \cdots, \omega_n)| < |\Delta(\omega_1, \omega_2, \cdots, \omega_n)|,$$

entgegen der Minimalfestsetzung.

Definition 17: *Jedes System $\omega_1, \cdots, \omega_n$ des Satzes 44 heißt eine Basis des Körpers.*

Satz 45: *Für jede Basis hat $\Delta(\omega_1, \cdots, \omega_n)$ denselben Wert.*

Beweis: Es seien $\omega_1, \cdots, \omega_n$ und $\Omega_1, \cdots, \Omega_n$ zwei Basen. Nach (20) und Satz 42 ist jede der ganzen rationalen Zahlen $\Delta(\omega_1, \cdots, \omega_n)$, $\Delta(\Omega_1, \cdots, \Omega_n)$ durch die andere teilbar und das Vorzeichen dasselbe.

Definition 18: *Die nach Satz 45 nur vom Körper abhängige ganze rationale Zahl $\Delta = \Delta(\omega_1, \cdots, \omega_n)$ heißt die Diskriminante oder Grundzahl des Körpers.*

Definition 19: *Eine ganze Zahl ε des Körpers heißt Einheit, wenn $\frac{1}{\varepsilon}$ ganz ist.*

Satz 46: *Eine ganze Zahl ε des Körpers ist Einheit dann und nur dann, wenn $N(\varepsilon) = \pm 1$ ist.*

Beweis: 1. Aus $N(\varepsilon) = \pm 1$ folgt, wenn $\varepsilon^{(k)}$ die der Zahl in $\mathsf{P}(\vartheta_k)$ entsprechende Zahl ist,

$$\pm \varepsilon^{(1)} \cdots \varepsilon^{(n)} = 1.$$

Die linke Seite ist aber nach Satz 19 und 33 das Produkt von ε mit einer ganzen Zahl. Also ist ε Einheit.

2. Ist ε Einheit, so ist

$$\varepsilon\alpha = 1,$$

wo α eine ganze Zahl des Körpers ist. Daraus folgt in $\mathsf{P}(\vartheta_k)$

$$\varepsilon^{(k)}\alpha^{(k)} = 1,$$

also durch Multiplikation über k

$$N(\varepsilon) \cdot N(\alpha) = 1.$$

1 ist hier in zwei ganze rationale Faktoren zerlegt. Also ist $N(\varepsilon) = \pm 1$.

Satz 47: *Ist ε Einheit des Körpers, so ist es auch* $\frac{1}{\varepsilon}$.

Beweis: $\frac{1}{\varepsilon}\cdot\varepsilon = 1$.

Satz 48: *Sind ε und η Einheiten des Körpers, so ist $\varepsilon\eta$ auch eine.*

Beweis: $\varepsilon\alpha = 1$, $\eta\beta = 1$, $\varepsilon\eta\cdot\alpha\beta = 1$.

Satz 49: *Sind $\varepsilon_1, \cdots, \varepsilon_r$ Einheiten des Körpers, $a_1, \cdots, a_r$ ganz rational, so ist $\varepsilon_1^{a_1}\cdots\varepsilon_r^{a_r}$ eine Einheit des Körpers.*

Beweis: Folgt aus Satz 47 und 48.

Definition 20: *Eine ganze, von 0 verschiedene Zahl α des Körpers heißt zu β assoziiert, wenn $\frac{\beta}{\alpha} = \varepsilon$ eine Einheit des Körpers ist. (Eo ipso ist dann β ganz, zum Körper gehörig und $\neq 0$.)*

Satz 50: *Jede ganze Zahl $\alpha \neq 0$ des Körpers ist sich selbst assoziiert.*

Beweis: $\alpha = \alpha\cdot 1$.

Satz 51: *Ist α zu β assoziiert, so ist β zu α assoziiert.*

Beweis: $\frac{\beta}{\alpha} = \varepsilon$, $\frac{\alpha}{\beta} = \frac{1}{\varepsilon}$ und Satz 47.

Satz 52: *Sind α, β sowie β, γ assoziiert, so sind α, γ assoziiert.*

Beweis: $\beta = \alpha\varepsilon$, $\gamma = \beta\eta$, $\gamma = \alpha\varepsilon\eta$ und Satz 48.

§ 4. Von den Idealen.

Definition 21: *Es sei von jetzt an ein Körper nten Grades $\mathsf{P}(\vartheta)$ fest gegeben. Wenn $\alpha_1, \cdots, \alpha_q$ feste ganze Zahlen des Körpers sind, die nicht sämtlich verschwinden ($q \geqq 1$), heißt die Menge der Zahlen, welche auf mindestens eine Art in der Form*

$$\eta_1\alpha_1 + \cdots + \eta_q\alpha_q$$

darstellbar sind, wo die η ganze Zahlen des Körpers sind, ein Ideal. Eo ipso sind alle Zahlen des Ideals ganze Zahlen des Körpers. Bezeichnung[1]*):*

$$\mathfrak{a} = [\alpha_1, \cdots, \alpha_q].$$

Satz 53: *Sind*

$$\mathfrak{a} = [\alpha_1, \cdots, \alpha_q],\ \mathfrak{b} = [\beta_1, \cdots, \beta_r]$$

zwei Ideale, so ist

$$\mathfrak{a} = \mathfrak{b}$$

dann und nur dann, wenn jedes

$$\alpha_Q = \sum_{R=1}^{r}\eta_{QR}\beta_R \tag{22}$$

---

1) Eine Verwechslung (im Falle $q = 1$) mit der für reelle y als größte ganze Zahl $\leqq y$ definierten Funktion $[y]$ ist wohl nicht zu befürchten.

und jedes

$$\beta_R = \sum_{Q=1}^{q} \lambda_{RQ} \alpha_Q$$

mit ganzen η, λ im Körper ist.

Beweis: Daß $\mathfrak{a} = \mathfrak{b}$ nur dann gilt, ist klar. Und aus (22) folgt

$$\sum_{Q=1}^{q} \eta_Q \alpha_Q = \sum_{R=1}^{r} \beta_R \sum_{Q=1}^{q} \eta_Q \eta_{QR} = \sum_{R=1}^{r} \lambda_R \beta_R$$

mit ganzen λ und umgekehrt.

Satz 54: *Das Ideal $\mathfrak{a} = [\alpha_1, \cdots, \alpha_q]$ ändert sich nicht, wenn in der eckigen Klammer die Elemente beliebig geordnet, wenn mehrfach auftretende Elemente nur einmal beibehalten und wenn Nullen weggelassen werden.*

Beweis: Folgt aus der Definition oder Satz 53.

Satz 55: *Sind α und β Zahlen des Ideals $\mathfrak{a}$, so sind es auch $\alpha + \beta$ und $\alpha - \beta$.*

Beweis: $\mathfrak{a} = [\alpha_1, \cdots, \alpha_q]$,

$$\alpha = \sum_Q \eta_Q \alpha_Q, \quad \beta = \sum_Q \lambda_Q \alpha_Q,$$

$$\alpha \pm \beta = \sum_Q (\eta_Q \pm \lambda_Q) \alpha_Q.$$

Satz 56: *Ist α eine Zahl des Ideals $\mathfrak{a}$, η irgend eine ganze Zahl des Körpers, so ist $\eta\alpha$ Zahl des Ideals $\mathfrak{a}$.*

Beweis:

$$\alpha = \sum_Q \eta_Q \alpha_Q,$$

$$\eta\alpha = \sum_Q \eta \eta_Q \alpha_Q = \sum_Q \lambda_Q \alpha_Q.$$

Definition 22: *Ein Ideal heißt Hauptideal, wenn es in der Form $[\alpha]$ geschrieben werden kann, d. h. aus den durch eine feste ganze Zahl $\neq 0$ teilbaren ganzen Zahlen des Körpers besteht.*

Satz 57: *Zwei Hauptideale $[\alpha]$ und $[\beta]$ sind dann und nur dann gleich, wenn α und β assoziiert sind.*

Beweis: 1. Aus $[\alpha] = [\beta]$ folgt, daß β durch α teilbar und α durch β teilbar ist: $\beta = \alpha\varepsilon$, $\alpha = \beta\eta$, $\beta = \beta\varepsilon\eta$, $1 = \varepsilon\eta$, ε Einheit.

2. Aus $\beta = \alpha\varepsilon$, ε Einheit, folgt, daß β durch α teilbar, α durch β teilbar, also $[\alpha] = [\beta]$ ist.

Definition 23: *Das Hauptideal $[1]$, welches aus allen ganzen Zahlen des Körpers besteht, heißt Einheitsideal und werde mit $\mathfrak{o}$ bezeichnet.*

Satz 58: *Es ist $[\alpha] = \mathfrak{o}$ dann und nur dann, wenn α Einheit ist.*

Beweis: Nach Satz 57 hat α zu 1 assoziiert, d. h. $\alpha = 1 \cdot \varepsilon = \varepsilon$ zu sein, wo ε eine Einheit ist.

Satz 59: *Es seien zwei Ideale*

$$\mathfrak{a} = [\alpha_1, \cdots, \alpha_q],\ \mathfrak{b} = [\beta_1, \cdots, \beta_r] \tag{23}$$

gegeben. Das Ideal

$$[\alpha_1\beta_1, \cdots, \alpha_q\beta_1, \alpha_1\beta_2, \cdots, \alpha_q\beta_2, \cdots, \alpha_q\beta_r], \tag{24}$$

welches alle Zahlen der Gestalt

$$\sum_{Q=1}^{q}\sum_{R=1}^{r}\eta_{QR}\alpha_Q\beta_R$$

umfaßt, ist von der Schreibweise (23) *der Ideale* $\mathfrak{a}$, $\mathfrak{b}$ *unabhängig.*

Beweis: (24) ist ein Ideal, da nicht alle $\alpha_Q\beta_R$ verschwinden. Aus

$$[\alpha_1, \cdots, \alpha_q] = [\gamma_1, \cdots, \gamma_u],\ [\beta_1, \cdots, \beta_r] = [\delta_1, \cdots, \delta_v]$$

folgt

$$\alpha_Q\beta_R = \sum_{U=1}^{u}\eta_U\gamma_U \cdot \sum_{V=1}^{v}\lambda_V\delta_V = \sum_{U=1}^{u}\sum_{V=1}^{v}\mu_{UV}\gamma_U\delta_V$$

mit ganzen μ, woraus aus Symmetriegründen nach Satz 53 die Behauptung

$$[\cdots, \alpha_Q\beta_R, \cdots] = [\cdots, \gamma_U\delta_V, \cdots]$$

folgt.

Definition 24: *Das nach Satz* 59 *nur von* $\mathfrak{a}$ *und* $\mathfrak{b}$ *abhängige Ideal* (24) *heißt Produkt von* $\mathfrak{a}$ *mit* $\mathfrak{b}$. *Bezeichnung:*

$$\mathfrak{a} \cdot \mathfrak{b} \text{ oder } \mathfrak{a}\mathfrak{b}.$$

Satz 60: $\mathfrak{a}\mathfrak{b} = \mathfrak{b}\mathfrak{a}$.

Beweis: Klar.

Satz 61: $(\mathfrak{a}\mathfrak{b})\mathfrak{c} = \mathfrak{a}(\mathfrak{b}\mathfrak{c})$.

Beweis: Ist

$$\mathfrak{a} = [\alpha_1, \cdots, \alpha_q],\ \mathfrak{b} = [\beta_1, \cdots, \beta_r],\ \mathfrak{c} = [\gamma_1, \cdots, \gamma_u],$$

so stellen offenbar beide Seiten der Behauptung das Ideal

$$[\cdots, \alpha_Q\beta_R\gamma_U, \cdots]$$

dar.

Satz 62: *Das Produkt mehrerer Ideale* $\mathfrak{a}_1, \mathfrak{a}_2, \cdots, \mathfrak{a}_m$ *ist von der Reihenfolge der Faktoren und der sukzessiven Multiplikationen unabhängig. Bezeichnung:*

$$\mathfrak{a}_1\mathfrak{a}_2 \cdots \mathfrak{a}_m.$$

Beweis: Folgt aus Satz 60 und 61.

Definition 25: *Für positives ganzes rationales* m *bedeute* $\mathfrak{a}^m$ *das Produkt* $\mathfrak{a}\mathfrak{a} \cdots \mathfrak{a}$ *von* m *Faktoren. Ferner bedeute* $\mathfrak{a}^0$ *das Einheitsideal* $\mathfrak{o}$.

Satz 63:

$$\mathfrak{a}^m \mathfrak{a}^l = \mathfrak{a}^{m+l},$$
$$(\mathfrak{a}^m)^l = \mathfrak{a}^{ml},$$
$$(\mathfrak{a}\mathfrak{b})^m = \mathfrak{a}^m \mathfrak{b}^m,$$

wo $m \geqq 0$, $l \geqq 0$, $\mathfrak{a}$ *und* $\mathfrak{b}$ *Ideale sind.*

Beweis: Klar.

Definition 26: *Das Ideal* $\mathfrak{b}$ *ist durch das Ideal* $\mathfrak{a}$ *teilbar,* $\mathfrak{a}$ *teilt* $\mathfrak{b}$, $\mathfrak{a}$ *ist ein Teiler von* $\mathfrak{b}$, *wenn es mindestens ein Ideal* $\mathfrak{c}$ *gibt, so daß*

$$\mathfrak{b} = \mathfrak{a}\mathfrak{c}$$

ist. Bezeichnung:

$$\mathfrak{a} \mid \mathfrak{b}.$$

Satz 64: *Aus* $\mathfrak{a} \mid \mathfrak{b}$, $\mathfrak{b} \mid \mathfrak{d}$ *folgt* $\mathfrak{a} \mid \mathfrak{d}$.

Beweis: $\mathfrak{b} = \mathfrak{a}\mathfrak{c}$, $\mathfrak{d} = \mathfrak{b}\mathfrak{e}$, $\mathfrak{d} = \mathfrak{a} \cdot \mathfrak{c}\mathfrak{e}$.

Satz 65: *Für jedes* $\mathfrak{a}$ *ist* $\mathfrak{o} \mid \mathfrak{a}$ *und* $\mathfrak{a} \mid \mathfrak{a}$.

Beweis: Nach Satz 63 ist

$$\mathfrak{a}\mathfrak{o} = \mathfrak{a}^1 \mathfrak{a}^0 = \mathfrak{a}.$$

§ 5. Von den Primidealen.

Definition 27: *Ein von* $\mathfrak{o}$ *verschiedenes Ideal, das nur durch* $\mathfrak{o}$ *und sich selbst teilbar ist, heißt Primideal.*[1])

Definition 28: *Zwei Ideale heißen teilerfremd, wenn* $\mathfrak{o}$ *das einzige Ideal ist, durch das beide teilbar sind.*[1])

Satz 66: *Ist* $\mathfrak{p}$ *ein Primideal,* $\mathfrak{a}$ *ein Ideal, so ist entweder* $\mathfrak{p} \mid \mathfrak{a}$ *oder* $\mathfrak{p}$, $\mathfrak{a}$ *sind teilerfremd.*

Beweis: $\mathfrak{p}$ und $\mathfrak{a}$ können als gemeinsame Teiler nur $\mathfrak{p}$ oder $\mathfrak{o}$ haben.

Satz 67: *Eine positive ganze rationale Zahl* a *gehört nur endlich vielen Idealen an.*

Beweis: $\omega_1, \cdots, \omega_n$ sei eine fest gewählte Basis des Körpers. Jede ganze Zahl des Körpers hat die Gestalt

$$\alpha = g_1 \omega_1 + \cdots + g_n \omega_n,$$

wo die g ganz rational sind. Wenn nun die g durch a dividiert werden,

$$g_m = q_m a + k_m, \quad 0 \leqq k_m < a \qquad (1 \leqq m \leqq n),$$

wo die q, k ganz rational sind, so ist

$$\alpha = \sum_{m=1}^{n} (q_m a + k_m)\omega_m = a \sum_{m=1}^{n} q_m \omega_m + \sum_{m=1}^{n} k_m \omega_m = \gamma a + \beta,$$

---

1) Ob es so etwas gibt, braucht im Moment nicht entschieden zu werden.

wo γ ganz ist und $\beta = \sum_{m=1}^{n} k_m \omega_m$ bei festem a nur einem endlichen Wertevorrat angehört

Wenn nun a dem Ideal

$$\mathfrak{a} = [\alpha_1, \cdots, \alpha_q]$$

angehört, werde die obige Überlegung auf $\alpha = \alpha_1, \cdots, \alpha = \alpha_q$ angewendet:

$$\mathfrak{a} = [\gamma_1 a + \beta_1, \cdots, \gamma_q a + \beta_q].$$

Nach Satz 53 ist, da a dem Ideal angehört,

$$\mathfrak{a} = [\gamma_1 a + \beta_1, \cdots, \gamma_q a + \beta_q, a] = [\beta_1, \cdots, \beta_q, a].$$

Wenn hierin nach Satz 54 die mehrfach auftretenden β nur einmal geschrieben werden, so steht rechts (bei festem a) ein Ideal aus einem endlichen Idealvorrat, nach dem oben über β Bemerkten.

Satz 68: *Zu jedem Ideal $\mathfrak{a}$ gibt es ein Ideal $\mathfrak{b}$, so daß $\mathfrak{a}\mathfrak{b}$ ein Hauptideal ist und zwar ein solches $[a]$, wo a eine positive ganze rationale Zahl ist.*

Beweis: Es werde $\mathfrak{a} = [\alpha_l, \alpha_{l-1}, \cdots, \alpha_0]$ geschrieben, wo $\alpha_l \neq 0$ ist. Diesem Ideal werde im Sinne des Satzes 30 die Funktion

$$g(x) = \alpha_l x^l + \cdots + \alpha_0$$

zugeordnet, und es werde eine ganze rationale Funktion $h(x)$ durch

$$g(x)h(x) = \prod_{q=1}^{n} (r_l(\vartheta_q)x^l + \cdots + r_0(\vartheta_q))$$

definiert, wo die ϑ_q die zu ϑ konjugierten Zahlen sind und $\alpha_L = r_L(\vartheta)$ im Sinne des Satzes 32 ist. Die Koeffizienten von $g(x)h(x)$ sind rational nach dem Satz über symmetrische Funktionen; sie sind nach Satz 23 ganz, da die $r_L(\vartheta_q)$ nach Satz 33 zu α_L konjugiert, also nach Satz 19 ganz sind. Es ist also

$$g(x)h(x) = c_{l+m}x^{l+m} + \cdots + c_0$$

mit ganzen rationalen c. Demnach gehören nach dem Algorithmus der Division die Koeffizienten β von

$$h(x) = \beta_m x^m + \cdots + \beta_0$$

zum Körper $P(\vartheta)$, und sie sind nach Satz 23 ganz, weil es die $r_L(\vartheta_q)$ sind. Hierbei ist $m = (n-1)l$ und $\beta_m \neq 0$, weil die $r_l(\vartheta_q)$ zu α_l konjugiert, also nicht 0 sind.

Ich verstehe nun unter $\mathfrak{b}$ das Ideal

$$\mathfrak{b} = [\beta_m, \cdots, \beta_0]$$

und behaupte

$$\mathfrak{a}\mathfrak{b} = [a],$$

wo a der positive größte gemeinsame Teiler der ganzen rationalen Zahlen $c_{l+m}, \cdots, c_0$ ist. Hierzu braucht nach Satz 53 nur gezeigt zu werden: Erstens

$$a = \sum_{L=0}^{l} \sum_{M=0}^{m} \eta_{LM} \alpha_L \beta_M,$$

zweitens

$$\alpha_L \beta_M = \lambda_{LM} a \qquad (0 \leqq L \leqq l,\ 0 \leqq M \leqq m)$$

mit ganzen η, λ des Körpers.

Ersteres folgt daraus, daß bekanntlich

$$a = C_{l+m} c_{l+m} + \cdots + C_0 c_0$$

bei passender Wahl ganzer rationaler C und

$$c_N = \sum_{L+M=N} \alpha_L \beta_M$$

ist. Letzteres daraus, daß nach Satz 30, auf $\nu = a$ angewendet, a in allen c, also in allen $\alpha_L \beta_M$ aufgeht.

Satz 69: *Ist* $\mathfrak{a}$ *ein Ideal und* $\gamma \neq 0$ *eine ganze Zahl des Körpers, so ist* $[\gamma]\mathfrak{a}$ *die Menge der ganzen Zahlen des Körpers, die durch* γ *teilbar sind und deren Quotient durch* γ *dem Ideal* $\mathfrak{a}$ *angehört.*

Beweis: Aus $\mathfrak{a} = [\alpha_1, \cdots, \alpha_q]$ folgt

$$[\gamma]\mathfrak{a} = [\gamma\alpha_1, \cdots, \gamma\alpha_q],$$

so daß die Zahlen von $[\gamma]\mathfrak{a}$ identisch mit den Zahlen

$$\eta_1 \gamma \alpha_1 + \cdots + \eta_q \gamma \alpha_q = \gamma(\eta_1 \alpha_1 + \cdots + \eta_q \alpha_q) = \gamma\alpha$$

sind, wo α zu $\mathfrak{a}$ gehört.

Satz 70: *Aus* $[\gamma]\mathfrak{a} = [\gamma]\mathfrak{b}$ *folgt* $\mathfrak{a} = \mathfrak{b}$.

Beweis: Nach Satz 69 sind die Zahlen des Ideals $[\gamma]\mathfrak{a}$ die γ fachen Zahlen von $\mathfrak{a}$, die des Ideals $[\gamma]\mathfrak{b}$ die γ fachen Zahlen von $\mathfrak{b}$.

Satz 71: *Aus*

(25) $$\mathfrak{a}\mathfrak{c} = \mathfrak{a}\mathfrak{d}$$

folgt

$$\mathfrak{c} = \mathfrak{d}.$$

D. h. wenn $\mathfrak{e}$ *durch* $\mathfrak{a}$ *teilbar ist, so gibt es genau ein* $\mathfrak{f}$, *so daß* $\mathfrak{e} = \mathfrak{a}\mathfrak{f}$ *ist.*

Beweis: Nach Satz 68 werde $\mathfrak{b}$ so bestimmt, daß

$$\mathfrak{a}\mathfrak{b} = [a]$$

ist. Aus (25) folgt

$$\mathfrak{b}\mathfrak{a}\mathfrak{c} = \mathfrak{b}\mathfrak{a}\mathfrak{d},$$

$$[a]\mathfrak{c} = [a]\mathfrak{d},$$

also nach Satz 70

$$\mathfrak{c} = \mathfrak{d}.$$

Satz 72: *Wenn* $\mathfrak{a} \mid \mathfrak{e}$ *ist, so ist jede Zahl von* $\mathfrak{e}$ *eine Zahl von* $\mathfrak{a}$.

Beweis: Aus $\mathfrak{e} = \mathfrak{a}\mathfrak{c}$, $\mathfrak{a} = [\alpha_1, \cdots, \alpha_q]$, $\mathfrak{c} = [\gamma_1, \cdots, \gamma_r]$ folgt, daß jede Zahl von $\mathfrak{e}$ die Form hat

$$\sum_{Q,R} \eta_{QR} \alpha_Q \gamma_R = \sum_Q \eta_Q \alpha_Q,$$

wo die η_{QR} und die η_Q ganz sind.

Satz 73: *Wenn jede Zahl von* $\mathfrak{e}$ *eine Zahl von* $\mathfrak{a}$ *ist, so ist* $\mathfrak{a} \mid \mathfrak{e}$.

Beweis: $\mathfrak{b}$ werde nach Satz 68 so bestimmt, daß

$$\mathfrak{a}\mathfrak{b} = [a]$$

ist. Jede Zahl von $\mathfrak{e}\mathfrak{b}$ ist Zahl von $\mathfrak{a}\mathfrak{b}$, da aus

$$\mathfrak{a} = [\alpha_1, \cdots, \alpha_q], \; \mathfrak{b} = [\beta_1, \cdots, \beta_r], \; \mathfrak{e} = [\varepsilon_1, \cdots, \varepsilon_u]$$

$$\varepsilon_U \beta_R = \sum_Q \eta_{UQ} \alpha_Q \cdot \beta_R$$

folgt. Jede Zahl von $\mathfrak{e}\mathfrak{b}$ ist also durch a teilbar. Wird

$$\mathfrak{e}\mathfrak{b} = [\delta_1, \cdots, \delta_v]$$

gesetzt, so ist jedes δ durch a teilbar, also mit ganzen $\gamma_1, \cdots, \gamma_v$

$$\mathfrak{e}\mathfrak{b} = [a\gamma_1, \cdots, a\gamma_v] = [a][\gamma_1, \cdots, \gamma_v] = \mathfrak{a}[\gamma_1, \cdots, \gamma_v]\mathfrak{b},$$

also nach Satz 71

$$\mathfrak{e} = \mathfrak{a}[\gamma_1, \cdots, \gamma_v],$$

$$\mathfrak{a} \mid \mathfrak{e}.$$

Satz 74: *Aus* $\mathfrak{a} \mid \mathfrak{o}$ *folgt* $\mathfrak{a} = \mathfrak{o}$.

Beweis: Nach Satz 72 gehört jede Zahl von $\mathfrak{o}$, also jede ganze Zahl des Körpers, zu $\mathfrak{a}$.

Satz 75: *Jedes Ideal* $\mathfrak{a}$ *hat nur endlich viele Teiler.*

Beweis: Nach Satz 68 werde $\mathfrak{b}$ so gewählt, daß

$$\mathfrak{a}\mathfrak{b} = [a]$$

ist. Aus $\mathfrak{c} \mid \mathfrak{a}$ folgt $\mathfrak{c} \mid [a]$ nach Satz 64; nach Satz 72 gehört also a zu $\mathfrak{c}$; aus Satz 67 folgt also die Behauptung.

Satz 76: *Ist* $\mathfrak{a} = \mathfrak{c}\mathfrak{d}$ *und* $\mathfrak{d} \neq \mathfrak{o}$, *so hat* $\mathfrak{c}$ *weniger Teiler als* $\mathfrak{a}$.

Beweis: Jeder Teiler von $\mathfrak{c}$ ist nach Satz 64 ein Teiler von $\mathfrak{a}$. Ferner ist $\mathfrak{a}$ selbst ein Teiler von $\mathfrak{a}$, aber nicht von $\mathfrak{c}$; denn aus $\mathfrak{a} \mid \mathfrak{c}$ würde folgen: $\mathfrak{c} = \mathfrak{a}\mathfrak{e} = \mathfrak{c} \cdot \mathfrak{d}\mathfrak{e}$, $\mathfrak{c} \cdot \mathfrak{o} = \mathfrak{c} \cdot \mathfrak{d}\mathfrak{e}$, $\mathfrak{o} = \mathfrak{d}\mathfrak{e}$, $\mathfrak{d} \mid \mathfrak{o}$, $\mathfrak{d} = \mathfrak{o}$.

Satz 77: *Jedes Ideal* $\mathfrak{a} \neq \mathfrak{o}$ *ist durch ein Primideal teilbar. (Also gibt es wenigstens ein Primideal.)*

Beweis: Unter allen Teilern von $\mathfrak{a}$, die $\neq \mathfrak{o}$ sind, sei $\mathfrak{c}$ einer mit der kleinsten Teilerzahl. Dann ist $\mathfrak{c}$ Primideal; denn sonst wäre $\mathfrak{c} = \mathfrak{d}\mathfrak{e}$, wo $\mathfrak{d} \neq \mathfrak{o}$, $\mathfrak{e} \neq \mathfrak{o}$ ist, also $\mathfrak{e}$ ein Teiler von $\mathfrak{a}$, der $\neq \mathfrak{o}$ wäre und nach Satz 76 weniger Teiler hätte als $\mathfrak{c}$.

Satz 78: *Jedes Ideal $\mathfrak{a} \neq \mathfrak{o}$, das nicht selbst Primideal ist, ist als Produkt von zwei oder mehr Primidealen darstellbar.*

Beweis: $\mathfrak{a}$ habe k Teiler, wo nach Voraussetzung $k \geqq 3$ ist. Es sei bis zu $k-1$ der Satz bewiesen. Nach Satz 77 ist $\mathfrak{a} = \mathfrak{p}\mathfrak{b}$, wo $\mathfrak{p}$ Primideal ist und $\mathfrak{b} \neq \mathfrak{o}$ nach Satz 76 höchstens $k-1$ Teiler hat. $\mathfrak{b}$ ist daher entweder Primideal oder Produkt von Primidealen; also ist $\mathfrak{a}$ Produkt von Primidealen.

Satz 79: *Sind $\mathfrak{a}, \mathfrak{b}$ zwei Ideale, so gibt es ein und nur ein Ideal $\mathfrak{d}$, so daß erstens*

(26) $$\mathfrak{d} \mid \mathfrak{a}, \quad \mathfrak{d} \mid \mathfrak{b}$$

ist, zweitens aus

(27) $$\mathfrak{e} \mid \mathfrak{a}, \quad \mathfrak{e} \mid \mathfrak{b}$$

folgt:

(28) $$\mathfrak{e} \mid \mathfrak{d}.$$

Beweis: 1. Es sei $\mathfrak{a} = [\alpha_1, \cdots, \alpha_q]$, $\mathfrak{b} = [\beta_1, \cdots, \beta_r]$. Das Ideal

(29) $$\mathfrak{d} = [\alpha_1, \cdots, \alpha_q, \beta_1, \cdots, \beta_r]$$

hat die gewünschten Eigenschaften. Denn erstens ist jede Zahl von $\mathfrak{a}$

$$\sum_{Q=1}^{q} \eta_Q \alpha_Q = \sum_{Q=1}^{q} \eta_Q \alpha_Q + \sum_{R=1}^{r} 0 \cdot \beta_R,$$

also zu $\mathfrak{d}$ gehörig, ebenso jede Zahl von $\mathfrak{b}$; aus Satz 73 folgt daher (26). Zweitens folgt aus (27), daß jedes $\sum_{Q=1}^{q} \eta_Q \alpha_Q$ zu $\mathfrak{e}$ gehört, ebenso jedes $\sum_{R=1}^{r} \lambda_R \beta_R$, also nach Satz 55 jedes $\sum_{Q=1}^{q} \eta_Q \alpha_Q + \sum_{R=1}^{r} \lambda_R \beta_R$, d. h. jede Zahl von $\mathfrak{d}$; aus Satz 73 folgt daher (28).

2. Daß nur ein $\mathfrak{d}$ den Bedingungen des Satzes genügt, folgt daraus, daß im Falle zweier $\mathfrak{d}_1, \mathfrak{d}_2$ aus $\mathfrak{d}_1 \mid \mathfrak{d}_2$, $\mathfrak{d}_2 \mid \mathfrak{d}_1$ folgt: $\mathfrak{d}_1 = \mathfrak{f}\mathfrak{d}_2$, $\mathfrak{d}_2 = \mathfrak{g}\mathfrak{d}_1$, $\mathfrak{d}_1 = \mathfrak{f}\mathfrak{g}\mathfrak{d}_1$, $\mathfrak{o} = \mathfrak{f}\mathfrak{g}$, $\mathfrak{f} = \mathfrak{o}$, $\mathfrak{d}_1 = \mathfrak{d}_2$.

Definition 29: *Das $\mathfrak{d}$ des Satzes 79 heißt der größte gemeinsame Teiler von $\mathfrak{a}$ und $\mathfrak{b}$.*

Satz 80: *Sind $\mathfrak{a}$ und $\mathfrak{b}$ teilerfremd (Definition 28), so ist ihr größter gemeinsamer Teiler $\mathfrak{o}$ und umgekehrt.*

Beweis: Klar.

Satz 81: $\mathfrak{p}$ *sei ein Primideal. Es sei* $\mathfrak{p} \mid \mathfrak{a}\mathfrak{b}$. *Dann ist* $\mathfrak{p} \mid \mathfrak{a}$ *oder* $\mathfrak{p} \mid \mathfrak{b}$ *oder beides.*

Beweis: Es werde angenommen, daß $\mathfrak{p} \mid \mathfrak{a}\mathfrak{b}$ ist, aber $\mathfrak{p}$ nicht $\mathfrak{a}$ teilt, also $\mathfrak{p}$ nach Satz 66 zu $\mathfrak{a}$ teilerfremd ist. Dann wird $\mathfrak{p} \mid \mathfrak{b}$ behauptet. Nach (29) und Satz 80 ist,

$$\mathfrak{a} = [\alpha_1, \cdots, \alpha_q],\ \mathfrak{p} = [\pi_1, \cdots, \pi_r]$$

gesetzt,

$$\mathfrak{o} = [\alpha_1, \cdots, \alpha_q, \pi_1, \cdots, \pi_r].$$

Also ist, da 1 im Ideal $\mathfrak{o}$ vorkommt,

$$1 = \sum_{Q=1}^{q} \eta_Q \alpha_Q + \sum_{R=1}^{r} \lambda_R \pi_R = \alpha + \pi,$$

wo α zu $\mathfrak{a}$, π zu $\mathfrak{p}$ gehört. Für jede Zahl β von $\mathfrak{b} = [\beta_1, \cdots, \beta_u]$ ist also

$$\beta = \alpha\beta + \pi\beta.$$

$\alpha\beta$ gehört zu $\mathfrak{a}\mathfrak{b}$ (da jedes $\alpha_Q\beta_U$ zu $\mathfrak{a}\mathfrak{b}$ gehört), also wegen $\mathfrak{p} \mid \mathfrak{a}\mathfrak{b}$ zu $\mathfrak{p}$; $\pi\beta$ gehört nach Satz 56 zu $\mathfrak{p}$; β gehört also nach Satz 55 zu $\mathfrak{p}$. Also ist $\mathfrak{p} \mid \mathfrak{b}$ nach Satz 73.

Satz 82: $\mathfrak{p}$ *sei ein Primideal. Es sei* $\mathfrak{p} \mid \mathfrak{a}_1 \cdots \mathfrak{a}_m$. *Dann teilt* $\mathfrak{p}$ *wenigstens eines der Ideale* $\mathfrak{a}_1, \cdots, \mathfrak{a}_m$.

Beweis: Klar nach Satz 81.

Satz 83: $\mathfrak{p}$ *sei ein Primideal,* $\mathfrak{p}_1, \cdots, \mathfrak{p}_m$ *auch. Es sei* $\mathfrak{p} \mid \mathfrak{p}_1 \cdots \mathfrak{p}_m$. *Dann ist* $\mathfrak{p}$ *gleich wenigstens einem der Primideale* $\mathfrak{p}_1, \cdots, \mathfrak{p}_m$.

Beweis: Nach Satz 82 teilt $\mathfrak{p}$ ein $\mathfrak{p}_M$. $\mathfrak{p}_M$ hat nur die Teiler $\mathfrak{o}$ und $\mathfrak{p}_M$; $\mathfrak{p}$ ist nicht $\mathfrak{o}$, ist also gleich $\mathfrak{p}_M$.

Satz 84 (Hauptsatz der Idealtheorie): *Jedes von* $\mathfrak{o}$ *verschiedene Ideal* $\mathfrak{a}$ *läßt sich, abgesehen von der Reihenfolge der Faktoren, nur auf eine Weise als Produkt von Primidealen darstellen.*

Beweis: Behauptet wird, daß aus

$$\mathfrak{p}_1 \cdots \mathfrak{p}_m = \mathfrak{q}_1 \cdots \mathfrak{q}_l, \tag{30}$$

wo $m \geqq 1$, $l \geqq 1$ ist, die $\mathfrak{p}$ und die $\mathfrak{q}$ Primideale sind, folgt: es ist $m = l$, und abgesehen von der Reihenfolge sind die $\mathfrak{p}$ gleich den $\mathfrak{q}$ (wobei identische Faktoren also auf beiden Seiten gleich oft auftreten müssen). Der gemeinsame Wert $\mathfrak{a}$ beider Seiten von (30) habe k Teiler; dann ist $k \geqq 2$. Für $k = 2$ ist $\mathfrak{a}$ Primideal, also $m = l = 1$, $\mathfrak{p}_1 = \mathfrak{q}_1$. Bis $k - 1$ sei alles schon bewiesen; dann folgt es bei $k \geqq 3$ so: Nach Satz 83 ist $\mathfrak{q}_1$ gleich einem $\mathfrak{p}_M$. Wird $\mathfrak{b}$ durch $\mathfrak{a} = \mathfrak{p}_M\mathfrak{b} = \mathfrak{q}_1\mathfrak{b}$ definiert, so hat $\mathfrak{b}$ nach Satz 76 höchstens $k - 1$ Teiler, und aus

$$\mathfrak{b} = \mathfrak{p}_1 \cdots \mathfrak{p}_{M-1}\mathfrak{p}_{M+1} \cdots \mathfrak{p}_m = \mathfrak{q}_2 \cdots \mathfrak{q}_l$$

folgt erstens $m-1=l-1$, also $m=l$; zweitens, daß abgesehen von der Reihenfolge $\mathfrak{p}_1, \cdots, \mathfrak{p}_{M-1}, \mathfrak{p}_{M+1}, \cdots, \mathfrak{p}_m$ gleich $\mathfrak{q}_2, \cdots, \mathfrak{q}_l$ sind, womit wegen $\mathfrak{p}_M = \mathfrak{q}_1$ alles bewiesen ist.

Satz 85: *Jedes Ideal $\mathfrak{a} \neq \mathfrak{o}$ ist, abgesehen von der Reihenfolge der Primidealpotenzen, eindeutig von der Gestalt $\mathfrak{p}_1^{a_1}\mathfrak{p}_2^{a_2}\cdots\mathfrak{p}_r^{a_r}$, wo $r \geqq 1$, die $\mathfrak{p}$ verschiedene Primideale, die a positive ganze rationale Zahlen sind.*

Beweis: Folgt unmittelbar aus Satz 78 und 84.

§ 6. Von den Normen der Ideale.

Definition 30: *Eine Zahl α heißt durch das Ideal $\mathfrak{a}$ teilbar, wenn α eine Zahl des Ideals (also dann gewiß eine ganze Zahl des Körpers) ist, d. h. wenn entweder $\alpha = 0$ oder $\mathfrak{a} \mid [\alpha]$ ist. Bezeichnung:*

$$\mathfrak{a} \mid \alpha.$$

Satz 86: *Ist $\mathfrak{a}$ ein Hauptideal $[\beta]$, so ist $\mathfrak{a} \mid \alpha$ dann und nur dann, wenn $\beta \mid \alpha$ im Sinne der Definition 11 ist.*

Beweis: Wenn $\beta \mid \alpha$ ist, so ist α zu $[\beta]$ gehörig und umgekehrt.

Definition 31: *Eine ganze Zahl μ des Körpers heißt der ganzen Zahl ν des Körpers kongruent modulo $\mathfrak{a}$, wenn*

$$\mathfrak{a} \mid \mu - \nu$$

ist. Bezeichnung:

$$\mu \equiv \nu \pmod{\mathfrak{a}}.$$

Satz 87: $\mu \equiv \mu \pmod{\mathfrak{a}}$.

Beweis: $\mathfrak{a} \mid 0$.

Satz 88: *Aus* $\mu \equiv \nu \pmod{\mathfrak{a}}$ *folgt* $\nu \equiv \mu \pmod{\mathfrak{a}}$.

Beweis: $\mathfrak{a} \mid \mu - \nu$, $\mathfrak{a} \mid (-1)(\mu - \nu)$, $\mathfrak{a} \mid \nu - \mu$.

Satz 89: *Aus* $\mu \equiv \nu \pmod{\mathfrak{a}}$, $\nu \equiv \varrho \pmod{\mathfrak{a}}$ *folgt* $\mu \equiv \varrho \pmod{\mathfrak{a}}$.

Beweis: $\mathfrak{a} \mid \mu - \nu$, $\mathfrak{a} \mid \nu - \varrho$, $\mathfrak{a} \mid (\mu - \nu) + (\nu - \varrho)$, $\mathfrak{a} \mid \mu - \varrho$.

Satz 90: *Aus* $\mu \equiv \nu \pmod{\mathfrak{a}}$, $\mathfrak{c} \mid \mathfrak{a}$ *folgt* $\mu \equiv \nu \pmod{\mathfrak{c}}$.

Beweis: $\mu - \nu$ gehört zu $\mathfrak{a}$, also a fortiori zu $\mathfrak{c}$.

Satz 91: *Die Anzahl der Klassen kongruenter Zahlen, in die auf Grund der Sätze 87—89 alle ganzen Zahlen des Körpers modulo eines Ideals $\mathfrak{a}$ zerfallen, ist endlich.*

Beweis: Nach Satz 68 werde $\mathfrak{b}$ so bestimmt, daß $\mathfrak{a}\mathfrak{b} = [a]$ ist. Aus $\mu \equiv \nu \pmod{[a]}$ folgt $\mu \equiv \nu \pmod{\mathfrak{a}}$ nach Satz 90. Die Klassenzahl mod $[a]$ ist aber bereits endlich; denn beim Beweise von Satz 67 war in jetziger Ausdrucksweise konstatiert, daß mod $[a]$ jede ganze Zahl des Körpers einer der a^n Zahlen $\sum_{m=1}^{n} k_m \omega_m$, $0 \leqq k_m < a$, kongruent ist. Die Klassenzahl mod $\mathfrak{a}$ ist also a fortiori endlich.

Definition 32: *Die nach Satz* 91 *endliche Klassenzahl heißt Norm des Ideals* $\mathfrak{a}$. *Bezeichnung:*

$$N(\mathfrak{a}), \text{ kürzer } N\mathfrak{a}.$$

Satz 92: *Aus* $\mu \equiv \nu \pmod{\mathfrak{a}}$, $\varrho \equiv \sigma \pmod{\mathfrak{a}}$ *folgt*

$$\mu + \varrho \equiv \nu + \sigma \pmod{\mathfrak{a}},$$
$$\mu - \varrho \equiv \nu - \sigma \pmod{\mathfrak{a}}.$$

Beweis: $\mathfrak{a} \mid \mu - \nu$, $\mathfrak{a} \mid \varrho - \sigma$, $\mathfrak{a} \mid (\mu - \nu) \pm (\varrho - \sigma)$, $\mathfrak{a} \mid (\mu \pm \varrho) - (\nu \pm \sigma)$.

Satz 93: *Aus* $\mu \equiv \nu \pmod{\mathfrak{a}}$ *folgt, wenn* τ *eine ganze Zahl des Körpers ist,* $\mu\tau \equiv \nu\tau \pmod{\mathfrak{a}}$.

Beweis: $\mathfrak{a} \mid \mu - \nu$, $\mathfrak{a} \mid (\mu - \nu)\tau$, $\mathfrak{a} \mid \mu\tau - \nu\tau$.

Satz 94: *Aus* $\mu \equiv \nu \pmod{\mathfrak{a}}$, $\varrho \equiv \sigma \pmod{\mathfrak{a}}$ *folgt* $\mu\varrho \equiv \nu\sigma \pmod{\mathfrak{a}}$.

Beweis: Es ist nach dem vorigen Satz $\mu\varrho \equiv \nu\varrho$, $\nu\varrho \equiv \nu\sigma$, also $\mu\varrho \equiv \nu\sigma$ nach Satz 89.

Satz 95: *Es ist* $N\mathfrak{a} = 1$ *für* $\mathfrak{a} = \mathfrak{o}$ *und nur hierfür.*

Beweis: $N\mathfrak{a} = 1$ besagt, daß alle ganzen Zahlen des Körpers einander kongruent sind, also jede $\equiv 0$ ist, d. h. zu $\mathfrak{a}$ gehört.

Satz 96: $N(\mathfrak{a}\mathfrak{p}) = N\mathfrak{a}\, N\mathfrak{p}$, *wenn* $\mathfrak{p}$ *ein Primideal ist.*

Beweis: Es ist $\mathfrak{a} \mid \mathfrak{a}\mathfrak{p}$, aber nicht $\mathfrak{a} = \mathfrak{a}\mathfrak{p}$. Es gibt also ein α, so daß

$$\mathfrak{a} \mid \alpha,$$

aber α nicht durch $\mathfrak{a}\mathfrak{p}$ teilbar ist. Daher ist $\alpha \neq 0$, $\mathfrak{a} \mid [\alpha]$ und, $[\alpha] = \mathfrak{a}\mathfrak{b}$ gesetzt, $\mathfrak{b}$ zu $\mathfrak{p}$ teilerfremd (da sonst $\mathfrak{p} \mid \mathfrak{b}$, $\mathfrak{a}\mathfrak{p} \mid \mathfrak{a}\mathfrak{b}$, $\mathfrak{a}\mathfrak{p} \mid [\alpha]$, $\mathfrak{a}\mathfrak{p} \mid \alpha$ wäre).

Es sei

$$A_1, \cdots, A_{N\mathfrak{a}};\ \Pi_1, \cdots, \Pi_{N\mathfrak{p}}$$

je ein Repräsentantensystem aller Klassen mod $\mathfrak{a}$ und mod $\mathfrak{p}$. Ich behaupte: die $N\mathfrak{a}\, N\mathfrak{p}$ Zahlen

$$\alpha \Pi_k + A_m,\ 1 \leqq k \leqq N\mathfrak{p},\ 1 \leqq m \leqq N\mathfrak{a},$$

sind zu je zweien inkongruent modulo $\mathfrak{a}\mathfrak{p}$ (also gewiß verschieden), und jede ganze Zahl des Körpers ist einer von ihnen kongruent mod $\mathfrak{a}\mathfrak{p}$. Damit wird bewiesen sein, daß es mod $\mathfrak{a}\mathfrak{p}$ genau $N\mathfrak{a}\, N\mathfrak{p}$ Klassen gibt, wie im Satz behauptet.

1. Aus

$$\alpha \Pi_k + A_m \equiv \alpha \Pi_{k'} + A_{m'} \pmod{\mathfrak{a}\mathfrak{p}}, \tag{31}$$

wo die Indizes dem Intervalle $1, \cdots, N\mathfrak{p}$ bzw. $1, \cdots, N\mathfrak{a}$ angehören, folgt nach Satz 90

$$\alpha \Pi_k + A_m \equiv \alpha \Pi_{k'} + A_{m'} \pmod{\mathfrak{a}},$$

also nach Satz 92

$$A_m \equiv A_{m'} \pmod{\mathfrak{a}},$$
$$m = m'.$$

(31) gibt nunmehr nach Satz 92

$$\alpha \Pi_k \equiv \alpha \Pi_{k'} \pmod{\mathfrak{a}\mathfrak{p}};$$

demnach ist

$$\mathfrak{a}\mathfrak{p} \mid \alpha(\Pi_k - \Pi_{k'}).$$

Wäre $k \gtrless k'$, so wäre $\Pi_k - \Pi_{k'}$ nicht durch $\mathfrak{p}$ teilbar, also $[\Pi_k - \Pi_{k'}]$ zu $\mathfrak{p}$ teilerfremd; aus

$$\mathfrak{a}\mathfrak{p} \mid [\alpha]\,[\Pi_k - \Pi_{k'}]$$

folgte also

$$\mathfrak{a}\mathfrak{p} \mid \mathfrak{a}\mathfrak{b}\,[\Pi_k - \Pi_{k'}],$$

$$\mathfrak{p} \mid \mathfrak{b}\,[\Pi_k - \Pi_{k'}],$$

$$\mathfrak{p} \mid \mathfrak{b},$$

entgegen der Tatsache, daß $\mathfrak{b}$ zu $\mathfrak{p}$ teilerfremd ist.

2. ω sei eine beliebige ganze Zahl des Körpers. Dann ist für ein m

$$\omega = A_m + \alpha_1,$$

wo $\mathfrak{a} \mid \alpha_1$ ist. Weil $\mathfrak{b}$ zu $\mathfrak{p}$ teilerfremd ist, ist $\mathfrak{a}$ der größte gemeinsame Teiler von $\mathfrak{a}\mathfrak{b} = [\alpha]$ und $\mathfrak{a}\mathfrak{p}$. (Denn $\mathfrak{a}$ ist ein gemeinsamer Teiler, und der größte gemeinsame Teiler ist $\mathfrak{a}\mathfrak{c}$, wo $\mathfrak{a}\mathfrak{c}$ in $\mathfrak{a}\mathfrak{b}$ und $\mathfrak{a}\mathfrak{p}$, also $\mathfrak{c}$ in $\mathfrak{b}$ und $\mathfrak{p}$ aufgeht, also $\mathfrak{c} = \mathfrak{o}$ ist.) Daher ist nach (29)

$$\alpha_1 = \eta\alpha + \mu_1,$$

wo η eine ganze Zahl des Körpers ist und μ_1 zu $\mathfrak{a}\mathfrak{p}$ gehört. Nun ist für ein k

$$\eta = \Pi_k + \pi_1, \quad \mathfrak{p} \mid \pi_1,$$

also

$$\omega = A_m + \eta\alpha + \mu_1 = A_m + \Pi_k\alpha + \pi_1\alpha + \mu_1,$$

also, da $\pi_1\alpha$ zu $\mathfrak{a}\mathfrak{p}$ gehört,

$$\omega = A_m + \Pi_k\alpha + \mu_2, \quad \mathfrak{a}\mathfrak{p} \mid \mu_2,$$

q. e. d.

Satz 97: $N(\mathfrak{a}\mathfrak{b}) = N\mathfrak{a}\,N\mathfrak{b}$.

Beweis: Für $\mathfrak{b} = \mathfrak{o}$ ist dies nach Satz 95 trivial, für ein Primideal $\mathfrak{b}$ durch Satz 96 bewiesen. $\mathfrak{b}$ sei also ein Produkt von $m > 1$ Primidealen, und der Satz sei in allen Fällen bewiesen, wo $\mathfrak{b}$ Produkt von $m-1$ Primidealen ist. Aus $\mathfrak{b} = \mathfrak{p}\mathfrak{c}$, wo $\mathfrak{c}$ Produkt von $m-1$ Primidealen ist, folgt

$$N(\mathfrak{a}\mathfrak{b}) = N(\mathfrak{a}\mathfrak{p}\cdot\mathfrak{c}) = N(\mathfrak{a}\mathfrak{p})N\mathfrak{c} = N\mathfrak{a}\cdot N\mathfrak{p}\cdot N\mathfrak{c} = N\mathfrak{a}\,N(\mathfrak{p}\mathfrak{c}) = N\mathfrak{a}\,N\mathfrak{b}.$$

Satz 98: *Für ganzes rationales $a > 0$ ist $N[a] = a^n$.*

Beweis: Beim Beweise des Satzes 67 kam vor, daß jede ganze Zahl des Körpers mod $[a]$ kongruent mindestens einer der a^n Zahlen $\sum_{m=1}^{n} k_m \omega_m$, $0 \leqq k_m < a$ ist. Diese a^n Zahlen sind aber inkongruent. Denn aus

$$\sum_{m=1}^{n} k_m \omega_m \equiv \sum_{m=1}^{n} k'_m \omega_m (\mathrm{mod}[a]),$$

wo auch $0 \leqq k'_m < a$ ist, folgt

$$\sum_{m=1}^{n} (k_m - k'_m)\omega_m \equiv 0 (\mathrm{mod}[a]);$$

also ist

$$\sum_{m=1}^{n} \frac{k_m - k'_m}{a} \omega_m$$

ganz; da die ω eine Basis des Körpers bilden, sind also die $\frac{k_m - k'_m}{a}$ ganz, also $k_m = k'_m$ für $1 \leqq m \leqq n$.

Satz 99: *$\mathfrak{a}$ sei ein Ideal oder auch nur irgend eine nicht allein aus der Zahl 0 bestehende Menge von ganzen Zahlen des Körpers, welche die Eigenschaften hat: mit α und β gehören $\alpha + \beta$ und $\alpha - \beta$ zur Menge, und mit α gehört $\eta\alpha$, wo η irgend eine ganze Zahl des Körpers ist, zur Menge. Dann läßt sich in $\mathfrak{a}$ ein System von n linear unabhängigen Zahlen $\alpha_1, \cdots, \alpha_n$ derart ausfindig machen, daß in der nach Satz 43 vorhandenen Darstellung*

$$\alpha = h_1 \alpha_1 + \cdots + h_n \alpha_n \tag{32}$$

jeder Zahl des Körpers mit rationalen h, falls α zu $\mathfrak{a}$ gehört, die h ganz sind; so daß also $\mathfrak{a}$ der Inbegriff der Zahlen (32) mit ganzen rationalen h ist.

Beweis: Es gibt in $\mathfrak{a}$ ein System von n linear unabhängigen Zahlen; denn wenn α irgend eine Zahl $\neq 0$ von $\mathfrak{a}$ und $\eta_1, \ldots, \eta_n$ irgend ein System von n linear unabhängigen ganzen Zahlen des Körpers ist, so ist $\alpha\eta_1, \alpha\eta_2, \cdots, \alpha\eta_n$ ein solches System in $\mathfrak{a}$. Unter allen Systemen von n linear unabhängigen Zahlen $\alpha_1, \cdots, \alpha_n$ in $\mathfrak{a}$ wähle ich eines, wo $|\Delta(\alpha_1, \cdots, \alpha_n)|$ möglichst klein ist. Ich behaupte, diese Zahlen $\alpha_1, \cdots, \alpha_n$ genügen den Bedingungen des Satzes. Andernfalls gäbe es in $\mathfrak{a}$ eine Zahl

$$\alpha = h_1 \alpha_1 + \cdots + h_n \alpha_n,$$

wo die h rational, aber nicht alle ganz sind. Es sei etwa h_1 nicht ganz, also $h_1 = g + r$, wo g ganz rational, r rational und $0 < r < 1$ ist. Dann ist

$$A = \alpha - g\alpha_1 = r\alpha_1 + h_2\alpha_2 + \cdots + h_n \alpha_n$$

zu $\mathfrak{a}$ gehörig. Nun ist nach Satz 40

$$\Delta(A,\alpha_2,\cdots,\alpha_n) = \begin{vmatrix} r & h_2 & \cdots & h_n \\ 0 & 1 & \cdots & 0 \\ \cdot & \cdot & \cdots & \cdot \\ 0 & 0 & \cdots & 1 \end{vmatrix}^2 \Delta(\alpha_1,\cdots,\alpha_n) = r^2 \Delta(\alpha_1,\cdots,\alpha_n),$$

also

$$0 < |\Delta(A,\alpha_2,\cdots,\alpha_n)| < |\Delta(\alpha_1,\cdots,\alpha_n)|,$$

entgegen der Minimalfestsetzung.

Satz 100: *Jede nicht allein aus der Zahl* 0 *bestehende Menge* $\mathfrak{a}$ *von ganzen Zahlen des Körpers mit den in Satz* 99 *genannten Eigenschaften ist ein Ideal.*

Beweis: Werden $\alpha_1,\cdots,\alpha_n$ nach Satz 99 gewählt, so ist $\mathfrak{a}$ gleich dem Ideal

$$[\alpha_1,\cdots,\alpha_n];$$

denn nach jenem Satz hat jede Zahl von $\mathfrak{a}$ die Gestalt $h_1\alpha_1 + \cdots + h_n\alpha_n$ mit ganzen rationalen h, und $\eta_1\alpha_1 + \cdots + \eta_n\alpha_n$, wo die η ganze Zahlen des Körpers sind, ist nach Definition der Menge eine Zahl von $\mathfrak{a}$.

Definition 33: $\mathfrak{a}$ *sei ein Ideal. Jedes System* $\alpha_1,\cdots,\alpha_n$ *des Satzes* 99 *heißt eine Basis des Ideals* $\mathfrak{a}$. *(Die Körperbasis aus Definition* 17 *ist also Basis des Einheitsideals.)*

Satz 101: *Für jede Basis* $\alpha_1,\cdots,\alpha_n$ *von* $\mathfrak{a}$ *hat* $\Delta(\alpha_1,\cdots,\alpha_n)$ *denselben Wert.*

Beweis: Sind $\alpha_1,\cdots,\alpha_n$ und $A_1,\cdots,A_n$ Basen, so ist nach (20) jede der Zahlen $\Delta(\alpha_1,\cdots,\alpha_n)$ und $\Delta(A_1,\cdots,A_n)$ durch die andere teilbar und das Vorzeichen dasselbe.

Satz 102: *Ist* $\omega_1,\cdots,\omega_n$ *eine Körperbasis, so hat* $\mathfrak{a}$ *eine Basis der Gestalt:*

$$\begin{aligned} \alpha_1 &= a_{11}\omega_1, \\ \alpha_2 &= a_{21}\omega_1 + a_{22}\omega_2, \\ &\cdot\;\cdot\;\cdot\;\cdot\;\cdot\;\cdot \\ \alpha_n &= a_{n1}\omega_1 + a_{n2}\omega_2 + \cdots + a_{nn}\omega_n, \end{aligned}$$

wo die a *ganz rational,* $a_{11}, a_{22},\cdots,a_{nn} > 0$ *sind.*

Beweis: Für jedes m der Reihe $1 \leqq m \leqq n$ verstehe ich unter a_{mm} die kleinste positive ganze rationale Zahl, so daß im Ideal $\mathfrak{a}$ eine Zahl

$$\alpha_m = a_{m1}\omega_1 + \cdots + a_{mm}\omega_m$$

vorkommt. (Das gibt es; denn im Ideal kommt der absolute Betrag der Norm jeder Zahl $\alpha \neq 0$ desselben vor, als Multiplum von α; also kommt dort eine positive ganze rationale Zahl a vor, also die Zahl $a\omega_m$.) Dann bilden die $\alpha_m (1 \leqq m \leqq n)$ eine Basis.

Denn erstens sind $\alpha_1, \cdots, \alpha_n$ linear unabhängig wegen

$$(33)\ \Delta(\alpha_1,\cdots,\alpha_n) = \begin{vmatrix} a_{11} & 0 & \cdots & 0 \\ a_{21} & a_{22} & \cdots & 0 \\ \cdot & \cdot & \cdot & \cdot \\ a_{n1} & a_{n2} & \cdots & a_{nn} \end{vmatrix}^2 \Delta(\omega_1,\cdots,\omega_n) = (a_{11}\cdots a_{nn})^2 \Delta(\omega_1,\cdots,\omega_n) \neq 0.$$

Zweitens sei α eine Zahl von $\mathfrak{a}$; dann ist

$$\alpha = b_1\omega_1 + \cdots + b_n\omega_n$$

mit ganzen rationalen b. Es werde b_n durch a_{nn} dividiert:

$$b_n = h_n a_{nn} + r_n, \qquad 0 \leqq r_n < a_{nn}.$$

Dann gehört

$$\alpha - h_n\alpha_n = b_1'\omega_1 + \cdots + b_{n-1}'\omega_{n-1} + r_n\omega_n$$

(wo die b' ganz rational sind) zu $\mathfrak{a}$; nach Definition von a_{nn} ist also $r_n = 0$,

$$\alpha - h_n\alpha_n = b_1'\omega_1 + \cdots + b_{n-1}'\omega_{n-1}.$$

Hierin ist ebenso b_{n-1}' durch $a_{n-1,n-1}$ teilbar:

$$\alpha - h_n\alpha_n - h_{n-1}\alpha_{n-1} = b_1''\omega_1 + \cdots + b_{n-2}''\omega_{n-2},$$

. . . .

usf. bis zu

$$\alpha - h_n\alpha_n - h_{n-1}\alpha_{n-1} - \cdots - h_1\alpha_1 = 0$$

mit ganzen rationalen h.

Satz 103: *Die nach Satz* 101 *nur von* $\mathfrak{a}$ *abhängige Zahl* $\Delta(\alpha_1, \cdots, \alpha_n)$ *ist* $(N\mathfrak{a})^2\Delta$, *wo* Δ *die Grundzahl des Körpers ist.*

Beweis: Für die beim Beweise von Satz 102 vorkommende Basis ergibt sich nach (33)

$$\Delta(\alpha_1, \cdots, \alpha_n) = (a_{11} \cdots a_{nn})^2\Delta;$$

es genügt also,

$$a_{11} \cdots a_{nn} = N\mathfrak{a}$$

zu zeigen. Und hierfür genügt es zu zeigen, daß die $a_{11}a_{22} \cdots a_{nn}$ Zahlen

$$r_1\omega_1 + \cdots + r_n\omega_n, \qquad 0 \leqq r_m < a_{mm} \text{ für } 1 \leqq m \leqq n,$$

inkongruent sind, aber alle Klassen mod $\mathfrak{a}$ repräsentieren.

1. Aus

$$r_1\omega_1 + \cdots + r_n\omega_n \equiv r_1'\omega_1 + \cdots + r_n'\omega_n \pmod{\mathfrak{a}}$$

(wo auch $0 \leqq r_m' < a_{mm}$) folgt

$$\sum_{m=1}^{n}(r_m - r_m')\omega_m \equiv 0 \pmod{\mathfrak{a}},$$

$$\pm\sum_{m=1}^{n-1}(r_m - r_m')\omega_m + |r_n - r_n'|\,\omega_n \equiv 0 \pmod{\mathfrak{a}},$$

also nach Definition von a_{nn}
$$r_n = r'_n,$$
hieraus ebenso weiter
$$r_{n-1} = r'_{n-1}, \cdots, r_1 = r'_1.$$

2. Jede ganze Zahl η des Körpers hat die Gestalt
$$\eta = b_1\omega_1 + \cdots + b_n\omega_n,$$
mit ganzen rationalen b; wenn b_n durch a_{nn} dividiert wird,
$$b_n = h_n a_{nn} + r_n, \qquad 0 \leqq r_n < a_{nn},$$
so ist
$$\eta - h_n\alpha_n = b'_1\omega_1 + \cdots + b'_{n-1}\omega_{n-1} + r_n\omega_n,$$
usf. bis zu
$$\eta - h_n\alpha_n - \cdots - h_1\alpha_1 = r_1\omega_1 + \cdots + r_n\omega_n, \qquad 0 \leqq r_m < a_{mm},$$
$$\eta \equiv r_1\omega_1 + \cdots + r_n\omega_n \pmod{\mathfrak{a}}.$$

Satz 104: *Ist $\alpha_1, \cdots, \alpha_n$ eine Basis des Ideals $\mathfrak{a}$ und $\omega_1, \cdots, \omega_n$ eine Basis des Körpers, also*
$$\alpha_k = \sum_{l=1}^{n} c_{kl}\omega_l, \qquad 1 \leqq k \leqq n,$$
so ist die Determinante
$$|c_{kl}| = \pm N\mathfrak{a}.$$

Beweis: $\Delta(\alpha_1, \cdots, \alpha_n) = |c_{kl}|^2 \Delta$ und Satz 103.

Satz 105: *Ist $\alpha \neq 0$ eine ganze Zahl des Körpers, so ist*
$$N[\alpha] = |N\alpha|,$$
wo $N\alpha$ die Bedeutung aus Definition 14 hat.

Beweis: Ist $\omega_1, \cdots, \omega_n$ eine Basis des Körpers, so ist offenbar $\alpha\omega_1, \cdots, \alpha\omega_n$ eine Basis des Ideals $[\alpha]$, da dieses sich mit dem Wertevorrat $\alpha(h_1\omega_1 + \cdots + h_n\omega_n) = h_1\alpha\omega_1 + \cdots + h_n\alpha\omega_n$ (wo die h ganz rational sind) deckt. Nun ist mit ganzen rationalen c

(34) $$\alpha\omega_k = \sum_l c_{kl}\omega_l;$$
hierin ist nach Satz 104
$$|c_{kl}| = \pm N[\alpha].$$
Andererseits folgt aus (34), wenn $\alpha^{(l)}, \omega_k^{(l)}$ die im Körper $P(\vartheta_l)$ aus α, ω_k entstehenden Zahlen sind,
$$\alpha^{(l)}\omega_k^{(l)} = \sum_m c_{km}\omega_m^{(l)},$$
also nach dem Multiplikationstheorem der Determinanten
$$|\alpha^{(l)}\omega_k^{(l)}| = |\sum_m c_{km}\omega_m^{(l)}| = |c_{kl}|\,|\omega_k^{(l)}|;$$

die linke Seite ist aber

$$\alpha^{(1)} \cdots \alpha^{(n)} \,|\, \omega_k^{(l)} \,| = N\alpha \,|\, \omega_k^{(l)} \,|;$$

wegen

$$|\, \omega_k^{(l)} \,| \neq 0$$

ist daher

$$N\alpha = |\, c_{kl} \,|,$$

$$|\, N\alpha \,| = |\, \pm N[\alpha] \,| = N[\alpha].$$

Satz 106: *Jedes Primideal* $\mathfrak{p}$ *teilt genau eine Primzahl* p. *(Also gibt es unendlich viele Primideale.*[1]*))*

Beweis: 1. Die kleinste positive ganze rationale durch $\mathfrak{p}$ teilbare Zahl z ist Primzahl. Denn aus $z = 1$ würde $\mathfrak{p} \mid 1$, $\mathfrak{p} \mid \mathfrak{o}$ folgen; aus $z = z_1 z_2$, $z_1 > 1$, $z_2 > 1$ würde folgen $\mathfrak{p} \mid [z_1 z_2]$, $\mathfrak{p} \mid [z_1][z_2]$, also nach Satz 81 entweder $\mathfrak{p} \mid [z_1]$, $\mathfrak{p} \mid z_1$ oder $\mathfrak{p} \mid z_2$ oder beides. $\mathfrak{p}$ teilt also mindestens diese Primzahl p.

2. Jede ganze rationale Zahl z, in der $\mathfrak{p}$ aufgeht, ist durch dies p teilbar; denn aus $z = q\,p + r$, $0 < r < p$ würde folgen, daß $z - q\,p = r$ in $\mathfrak{p}$ vorkommt, also $\mathfrak{p}$ die Zahl r teilt. Also teilt $\mathfrak{p}$ nur eine Primzahl.

Satz 107: *Wenn* $\mathfrak{p}$ *im Sinne des Satzes* 106 *zur Primzahl* p *gehört, ist*

$$N\mathfrak{p} = p^f,$$

wo f *eine Zahl des Intervalles* $1 \leqq f \leqq n$ *ist.*

Beweis: Aus $\mathfrak{p} \mid p$ folgt $[p] = \mathfrak{p}\mathfrak{a}$, also nach Satz 96 oder 97

$$N[p] = N\mathfrak{p}\, N\mathfrak{a};$$

nach Satz 98 oder 105 ist $N[p] = p^n$; $N\mathfrak{p}$ ist also ein von 1 verschiedener positiver ganzer rationaler Teiler von p^n.

Definition 34: *Wenn* f *die Zahl des Satzes* 107 *ist, heißt* $\mathfrak{p}$ *Primideal* f*ten Grades.*

Satz 108: *Es gibt nur endlich viele Ideale fester Norm. D. h. die Lösungszahl von* $N\mathfrak{a} = m$ *ist eine von dem Körper und von* m *abhängige ganze rationale Zahl* $\geqq 0$.

Beweis: Ist $N\mathfrak{a} = m$ und $\beta_1, \cdots, \beta_m$ ein Repräsentantensystem der m Klassen mod $\mathfrak{a}$, so ist offenbar $\beta_1 + 1, \cdots, \beta_m + 1$ auch eines; daher ist nach Satz 92

$$\beta_1 + \cdots + \beta_m \equiv (\beta_1 + 1) + \cdots + (\beta_m + 1) \pmod{\mathfrak{a}},$$

$$0 \equiv m \pmod{\mathfrak{a}},$$

so daß $\mathfrak{a}$ in m aufgeht und nach Satz 67 bei festem m nur endlich viele Werte hat.

---

1) Bekanntlich gibt es ja unendlich viele Primzahlen. Denn nach Annahme irgend welcher Primzahlen $p_1, p_2, \cdots, p_q$ ist die Zahl $p_1 p_2 \cdots p_q + 1$ durch keine derselben teilbar; sie enthält also eine von jenen verschiedene Primzahl.

§ 7. Hilfssätze über lineare Funktionen.

Definition 35: *In diesem Paragraphen (der nichts von algebraischen Zahlen, Körpern und Idealen enthält) bedeute Form eine homogene lineare Funktion von n Variabeln u_l, später x_l $(1 \leqq l \leqq n)$ mit ganzen rationalen Koeffizienten. Es seien*

$$f_k = \sum_{l=1}^{n} a_{kl} u_l \qquad (1 \leqq k \leqq n) \tag{35}$$

n feste Formen und die Determinante

$$D = |\, a_{kl} \,| > 0.$$

Dann heißt eine Form φ einer Form ψ kongruent nach dem Modulsystem $f_1, \cdots, f_n$, wenn bei passender Wahl ganzer rationaler Zahlen $v_1, \cdots, v_n$

$$\varphi - \psi = \sum_{k=1}^{n} v_k f_k$$

ist. Bezeichnung:

$$\varphi \equiv \psi (\text{modd } f_k).$$

Satz 109: $\varphi \equiv \varphi$.

Beweis: Klar.

Satz 110: *Aus $\varphi \equiv \psi$ folgt $\psi \equiv \varphi$.*

Beweis: Klar.

Satz 111: *Aus $\varphi \equiv \psi$, $\psi \equiv \chi$ folgt $\varphi \equiv \chi$.*

Beweis: Klar.

Satz 112: *Die Anzahl der Klassen, in die* (modd f_k) *alle Formen auf Grund der Sätze* 109—111 *zerfallen, ist endlich und zwar* $= D$.

Beweis: m bedeute eine der Zahlen $1, \cdots, n$. Die Kongruenz

$$\sum_{q=1}^{m} d_{mq} u_q \equiv 0 \tag{36}$$

ist für $d_{m1} = \cdots = d_{m,m-1} = 0$, $d_{mm} = D$ erfüllt. Denn, wenn A_{kl} die Unterdeterminante von a_{kl} in der Matrix (a_{kl}) ist, ist

$$\sum_{k=1}^{n} A_{km} f_k = \sum_{l=1}^{n} u_l \sum_{k=1}^{n} A_{km} a_{kl} = D u_m.$$

Es bedeute nun d_{mm} die kleinste positive ganze rationale Zahl, so daß (36) bei passender Wahl ganzer rationaler d_{mq}, $q < m$, erfüllt ist, und es werde

$$\sum_{q=1}^{m} d_{mq} u_q = g_m, \qquad 1 \leqq m \leqq n, \tag{37}$$

gesetzt, so daß also u. a.

$$g_m \equiv 0 \tag{38}$$

ist.

Ich behaupte zunächst, daß die $d_{11} d_{22} \cdots d_{nn}$ Formen

$$c_1 u_1 + \cdots + c_n u_n,$$

wo $0 \leqq c_m < d_{mm}$ für $1 \leqq m \leqq n$ ist, alle Klassen und jede genau einmal repräsentieren, so daß die Klassenzahl endlich und $= d_{11} d_{22} \cdots d_{nn}$ ist.

1. Wären zwei dieser Formen kongruent:

$$\sum_{l=1}^{n} c_l u_l \equiv \sum_{l=1}^{n} c_l' u_l,$$

so folgte aus

$$\sum_{l=1}^{n} (c_l - c_l') u_l \equiv 0$$

zunächst, daß $c_n = c_n'$ ist; denn, wäre $c_n - c_n' > 0$, so wäre es $< d_{nn}$ gegen die Definition von d_{nn}; wäre $c_n - c_n' < 0$, so wäre durch vorherige Multiplikation mit -1 der Widerspruch da. Alsdann folgt aus

$$\sum_{l=1}^{n-1} (c_l - c_l') u_l \equiv 0$$

ebenso $c_{n-1} = c_{n-1}'$, usf. bis zu $c_1 = c_1'$.

2. Wenn $\psi = \sum_{l=1}^{n} h_l u_l$ irgend eine Form ist, so werde h_n durch d_{nn} dividiert:

$$h_n = t_n d_{nn} + c_n, \qquad 0 \leqq c_n < d_{nn}.$$

Dann ist

$$\psi - t_n g_n = \sum_{l=1}^{n-1} h_l' u_l + c_n u_n.$$

Alsdann ebenso bei passender Wahl des ganzen rationalen t_{n-1}

$$\psi - t_n g_n - t_{n-1} g_{n-1} = \sum_{l=1}^{n-2} h_l'' u_l + c_{n-1} u_{n-1} + c_n u_n,$$

usf. bis zu

(39) $$\psi - t_n g_n - \cdots - t_1 g_1 = c_1 u_1 + \cdots + c_n u_n,$$
$$0 \leqq c_m < d_{mm} \text{ für } 1 \leqq m \leqq n,$$

und die linke Seite von (39) ist $\equiv \psi$.

Der Satz 112 wird also bewiesen sein, wenn noch

$$d_{11} d_{22} \cdots d_{nn} = D$$

gezeigt wird. Nun bedeutet (38) ein Gleichungssystem

(40) $$g_k = \sum_{l=1}^{n} v_{kl} f_l, \qquad 1 \leqq k \leqq n,$$

wo die v ganz rational sind; ferner ist wegen $f_k \equiv 0$ nach (39) mit ganzen rationalen w

$$f_k = \sum_{l=1}^{n} w_{kl} g_l, \qquad 1 \leqq k \leqq n; \tag{41}$$

wird $d_{kl} = 0$ für $k < l$ gesetzt, so ist nach (35), (37), (40) und (41), wenn die runden Klammern Matrizen bezeichnen, einerseits

$$(d_{kl}) = (v_{kl})(a_{kl}), \quad |d_{kl}| = |v_{kl}|\,|a_{kl}|,$$

andererseits

$$(a_{kl}) = (w_{kl})(d_{kl}), \quad |a_{kl}| = |w_{kl}|\,|d_{kl}|,$$

also

$$D = |a_{kl}| = |w_{kl}|\,|v_{kl}|\,|a_{kl}| \neq 0,$$
$$1 = |w_{kl}|\,|v_{kl}|,$$
$$|v_{kl}| = \pm 1,$$
$$d_{11} d_{22} \cdots d_{nn} = |d_{kl}| = \pm |a_{kl}| = \pm D,$$

wo das obere Zeichen gilt, da $d_{11}, \cdots, d_{nn}$ und D positiv sind.

Satz 113: *Es seien n Formen*

$$y_k = \sum_{l=1}^{n} b_{kl} x_l, \qquad 1 \leqq k \leqq n,$$

mit positiver Determinante D gegeben. Dann gibt es n ganze rationale, nicht sämtlich verschwindende Zahlen $x_1, \cdots, x_n$, so daß für alle k

$$|y_k| \leqq \sqrt[n]{D}$$

ist.

Beweis: Ich wende den Satz 112 auf die n Formen

$$f_k = \sum_{l=1}^{n} b_{lk} u_l$$

an, deren Determinante auch D ist. Dann ist D die Klassenzahl mod f_k. Wird nun r gleich der größten ganzen rationalen Zahl $\leqq \sqrt[n]{D}$ gesetzt, so daß

$$r^n \leqq D < (r+1)^n$$

ist, so müssen unter den $(r+1)^n$ Formen

$$\sum_{k=1}^{n} c_k u_k, \qquad 0 \leqq c_k \leqq r \text{ für } 1 \leqq k \leqq n,$$

zwei kongruente vorhanden sein. Ihre Differenz

$$\sum_{k=1}^{n} y_k u_k$$

ist eine Form, deren Koeffizienten y_k der Ungleichung $|y_k| \leqq r \leqq \sqrt[n]{D}$

genügen, ohne sämtlich zu verschwinden. Die Differenz ist aber $\equiv 0$ (modd f_k); also ist bei passender Wahl ganzer rationaler x_l

$$\sum_{k=1}^{n} y_k u_k = \sum_{l=1}^{n} x_l f_l = \sum_{l=1}^{n} x_l \sum_{k=1}^{n} b_{kl} u_k,$$

d. h.

$$y_k = \sum_{l=1}^{n} b_{kl} x_l,$$

und die x_l verschwinden nicht alle, da es sonst alle y_k täten.

Satz 114: *Sind die* b_{kl} $(1 \leqq k \leqq n,\ 1 \leqq l \leqq n)$ *beliebige reelle Zahlen mit der Determinante* $D > 0$, *so gibt es ganze rationale, nicht sämtlich verschwindende* x_l, *so daß die Zahlen*

(42) $$y_k = \sum_{l=1}^{n} b_{kl} x_l, \qquad 1 \leqq k \leqq n,$$

den Ungleichungen

$$|y_k| \leqq \sqrt[n]{D}$$

genügen.

Beweis: 1. Die b seien rational, M der Hauptnenner der von 0 verschiedenen b. Dann liefert Satz 113, auf die Formen

$$z_k = \sum_{l=1}^{n} M b_{kl} x_l = M y_k,$$

deren Determinante $M^n D$ ist, angewendet, die Existenz eines vom Nullpunkt verschiedenen Gitterpunktes (x_k) des n dimensionalen Raumes (d. h. eines Systems ganzer rationaler Zahlen $x_1, \cdots, x_n$, die nicht alle verschwinden), so daß bei $1 \leqq k \leqq n$

$$|z_k| \leqq \sqrt[n]{M^n D},$$

also

$$|y_k| \leqq \sqrt[n]{D}$$

ist.

2. Die b seien bloß reell vorausgesetzt. Dann werde jedes b_{kl} als $\lim\limits_{h=\infty} b_{kl}^{(h)}$ einer Folge rationaler Zahlen $b_{kl}^{(h)}$ $(h = 1, 2, \cdots)$ dargestellt. Da, die Determinante

$$|b_{kl}^{(h)}| = D^{(h)}$$

gesetzt,

(43) $$\lim_{h=\infty} D^{(h)} = D$$

ist, ist von einer gewissen Stelle an

(44) $$D^{(h)} > \frac{D}{2},$$

und die Folgen $b_{kl}^{(h)}$ dürfen so gewählt vorausgesetzt werden, daß (44) schon für alle $h \geqq 1$ gilt. Wird

$$(45) \qquad y_k^{(h)} = \sum_{l=1}^{n} b_{kl}^{(h)} x_l^{(h)}$$

gesetzt, so gibt es nach 1. für jedes h ein System ganzer rationaler, nicht sämtlich verschwindender $x_l^{(h)}$, so daß

$$(46) \qquad | y_k^{(h)} | \leqq \sqrt[n]{D^{(h)}}$$

ist. Wegen (43) sind alle $| y_k^{(h)} |$ gleichmäßig beschränkt; wegen $\lim\limits_{h=\infty} b_{kl}^{(h)} = b_{kl}$ sind alle Zahlen $| b_{kl}^{(h)} |$ gleichmäßig beschränkt. Es sei A so gewählt, daß

$$| y_k^{(h)} | < A, \; | b_{kl}^{(h)} | < A$$

für alle h, k, l gilt. Die Auflösung der Gleichungen (45) nach den $x_l^{(h)}$ liefert jedes $x_l^{(h)}$ als Quotienten zweier Determinanten $n$ter Ordnung, wo im Zähler jedes Element absolut $< A$, und wo der Nenner $D^{(h)} > \frac{D}{2}$ ist. Daher ist

$$(47) \qquad | x_l^{(h)} | < \frac{n!\, A^n}{\frac{D}{2}}.$$

Die unendlich vielen Systeme $x_l^{(h)}$ $(h = 1, 2, \cdots)$ repräsentieren nach (47) nur endlich viele verschiedene; daher gibt es nach (46) ein System ganzer rationaler, nicht sämtlich verschwindender x_l, so daß für unendlich viele $h = h_1, h_2, \cdots, h_v, \cdots$ die durch

$$(48) \qquad y_k^{(h_v)} = \sum_{l=1}^{n} b_{kl}^{(h_v)} x_l$$

bestimmten $y_k^{(h_v)}$ den Ungleichungen

$$| y_k^{(h_v)} | \leqq \sqrt[n]{D^{(h_v)}}$$

genügen. Beim Grenzübergang zu $v = \infty$ strebt die rechte Seite von (48) zu $\sum\limits_{l=1}^{n} b_{kl} x_l$; wird diese Zahl mit y_k bezeichnet, so ist also

$$| y_k | = | \lim_{v=\infty} y_k^{(h_v)} | \leqq \lim_{v=\infty} \sqrt[n]{D^{(h_v)}} = \sqrt[n]{D}.$$

Satz 115: *Unter den Voraussetzungen des Satzes* 114 *gibt es, wenn* $D_1, \cdots, D_n$ *beliebige positive Zahlen mit dem Produkt* D *sind, ganze rationale, nicht sämtlich verschwindende* x_l, *so daß die durch* (42) *definierten* y_k *den Ungleichungen*

$$(49) \qquad | y_k | \leqq D_k \qquad (1 \leqq k \leqq n)$$

genügen.

Beweis: Wird

$$z_k = \sum_{l=1}^{n} \frac{b_{kl}}{D_k} x_l = \frac{y_k}{D_k}$$

gesetzt, so gilt, weil die Determinante

$$\left| \frac{b_{kl}}{D_k} \right| = \frac{1}{D_1 \cdots D_n} \, | b_{kl} | = \frac{D}{D} = 1$$

ist, nach Satz 114 in einem passend wählbaren vom Nullpunkt verschiedenen Gitterpunkt des x-Raumes für $1 \leqq k \leqq n$

$$| z_k | \leqq 1,$$

d. h. (49).

Satz 116: *Es seien n homogene lineare Funktionen $z_1, \cdots, z_n$ von $x_1, \cdots, x_n$ mit komplexen Koeffizienten*

$$z_k = \sum_{l=1}^{n} \gamma_{kl} x_l$$

gegeben; die Determinante $|\gamma_{kl}| = \Gamma$ sei von 0 verschieden. Es trete mit jeder nicht reellen Funktion z_k auch die mit konjugiert komplexen Koeffizienten auf. Es seien $D_1, \cdots, D_n$ positive Zahlen, deren Produkt $= |\Gamma|$ ist; jedem Paar konjugiert komplexer z_k möge dabei dasselbe D_k entsprechen. Dann gibt es ein System ganzer rationaler, nicht sämtlich verschwindender x_l, so daß

(50) $$| z_k | \leqq D_k \qquad (1 \leqq k \leqq n)$$

ist.

Beweis: Die Numerierung darf so gewählt werden, daß erst die r_1 reellen z und dann je hintereinander die r_2 Paare nicht reeller kommen ($r_1 \geqq 0$, $r_2 \geqq 0$, $r_1 + 2r_2 = n$):

$$z_1, \cdots, z_{r_1}, Z_{r_1+1} + Z_{r_1+2} i, Z_{r_1+1} - Z_{r_1+2} i, \cdots, Z_{n-1} + Z_n i, Z_{n-1} - Z_n i,$$

wo $z_1, \cdots, z_{r_1}, Z_{r_1+1}, \cdots, Z_n$ homogene lineare Funktionen mit reellen Koeffizienten sind. Ich behaupte, daß die Determinante der n reellen Funktionen $z_1, \cdots, z_{r_1}, \sqrt{2} Z_{r_1+1}, \cdots, \sqrt{2} Z_n$ nicht verschwindet, nämlich $= \pm |\Gamma|$ ist. Denn die zugehörige Matrix entsteht aus der Matrix (γ_{kl}), indem bei r_2 Zeilenpaaren $c_l + d_l i$, $c_l - d_l i$ durch $\sqrt{2} c_l$, $\sqrt{2} d_l$ ersetzt ist; kurz, wenn die Zeilen gemeint sind, U, V durch $\frac{U+V}{\sqrt{2}}$, $\frac{U-V}{\sqrt{2}\, i}$.
Nun bleibt sukzessive die Determinante $|\gamma_{kl}|$ ungeändert, wenn statt U, V geschrieben wird: $U+V$, V; $U+V$, $V - \frac{U+V}{2}$; $U+V$, $-\frac{U-V}{2}$; sie

erhält also den Faktor i, wenn geschrieben wird: $\frac{U+V}{\sqrt{2}}, \frac{U-V}{\sqrt{2}\,i}$. Dies wird r_2 mal gemacht. Also ist die (reelle) Determinante von $z_1, \cdots, \sqrt{2}\,Z_n$

$$i^{r_2}\,\Gamma = \pm\,|\Gamma|.$$

Wird noch im Falle des Minuszeichens eine dieser reellen linearen Funktionen y_k durch $-y_k$ ersetzt, so ergibt die Anwendung des Satzes 115 die Existenz eines vom Nullpunkt verschiedenen Gitterpunktes des x-Raumes, für den

$$|z_1| \leqq D_1, \cdots, |z_{r_1}| \leqq D_{r_1}, |Z_{r_1+1}| \leqq \frac{D_{r_1+1}}{\sqrt{2}}, |Z_{r_1+2}| \leqq \frac{D_{r_1+2}}{\sqrt{2}}, \cdots,$$

$$|Z_{n-1}| \leqq \frac{D_{n-1}}{\sqrt{2}}, |Z_n| \leqq \frac{D_n}{\sqrt{2}}$$

ist, also

$$|z_{r_1+1}| = |z_{r_1+2}| = \sqrt{Z_{r_1+1}^2 + Z_{r_1+2}^2} \leqq \sqrt{\frac{D_{r_1+1}^2}{2} + \frac{D_{r_1+2}^2}{2}} = D_{r_1+1} = D_{r_1+2},$$

$$|z_{n-1}| = |z_n| \leqq D_{n-1} = D_n.$$

Satz 117: *Wenn die z_k den Voraussetzungen des Satzes* 116 *genügen, gibt es ein System ganzer rationaler, nicht sämtlich verschwindender x_l, so daß*

$$(51) \qquad |z_1 z_2 \cdots z_n| \leqq |\Gamma|$$

ist.

Beweis: Man wähle irgendwelche positive D_k mit dem Produkte $|\Gamma|$, wobei nur konjugiert komplexen z_k dasselbe D_k entsprechen soll, und multipliziere die Relationen (50).

§ 8. Von der Einteilung der Ideale in Klassen.

Satz 118: *In jedem Ideal gibt es eine Zahl $\alpha \neq 0$, für welche*

$$|N\alpha| \leqq N\mathfrak{a}\sqrt{|\Delta|}$$

ist, wo Δ die Grundzahl des Körpers ist.

Mit anderen Worten: Durch jedes Ideal $\mathfrak{a}$ ist ein gewisses Hauptideal $[\alpha] = \mathfrak{a}\mathfrak{b}$ teilbar, für das

$$N\mathfrak{b} \leqq \sqrt{|\Delta|}$$

ist.

Beweis: Es sei $\alpha_1, \cdots, \alpha_n$ eine Basis des Ideals $\mathfrak{a}$, ϑ eine den Körper erzeugende Zahl, $\vartheta_1, \vartheta_2, \cdots, \vartheta_n$ die konjugierten, $\alpha_1^{(k)}, \cdots, \alpha_n^{(k)}$ die den Zahlen $\alpha_1, \cdots, \alpha_n$ in $\mathsf{P}(\vartheta_k)$ entsprechenden Zahlen im Sinne des Satzes 33. Es werde für $1 \leqq k \leqq n$ die homogene lineare Funktion

$$\alpha_1^{(k)} x_1 + \cdots + \alpha_n^{(k)} x_n = z_k$$

gesetzt. Die Determinante

$$|\alpha_i^{(k)}| = \Gamma$$

ist von Null verschieden wegen

$$\Gamma^2 = \Delta(\alpha_1, \cdots, \alpha_n).$$

Ferner tritt mit jedem nicht reellen z_k die „konjugiert komplexe"[1]) Funktion auf; denn für reelles ϑ_k ist z_k reell, und für nicht reelles ϑ_k ist, da die „konjugiert komplexe" Zahl zu ϑ_k konjugiert (d. h. Wurzel derselben irreduziblen Gleichung), also ein $\vartheta_{k'}$ ist, z_k zu $z_{k'}$ „konjugiert komplex".

Nach Satz 117 ist also die Ungleichung (51) durch einen vom Nullpunkt verschiedenen Gitterpunkt (x_i) erfüllbar. Nach Satz 103 ist dort

$$|z_1 \cdots z_n| \leqq |\Gamma| = \sqrt{|\Delta(\alpha_1, \cdots, \alpha_n)|} = N\mathfrak{a}\sqrt{|\Delta|},$$

$$|N(\alpha_1 x_1 + \cdots + \alpha_n x_n)| \leqq N\mathfrak{a}\sqrt{|\Delta|},$$

also, wenn die von 0 verschiedene Zahl des Ideals

$$\alpha_1 x_1 + \cdots + \alpha_n x_n = \alpha$$

gesetzt wird,

$$|N\alpha| \leqq N\mathfrak{a}\sqrt{|\Delta|}.$$

Definition 36: *Ein Ideal* $\mathfrak{a}$ *heißt einem Ideal* $\mathfrak{b}$ *äquivalent, wenn es zwei Hauptideale* $[\alpha]$, $[\beta]$ *gibt, so daß*

$$[\alpha]\mathfrak{a} = [\beta]\mathfrak{b}$$

ist. Bezeichnung:

$$\mathfrak{a} \sim \mathfrak{b}.$$

Satz 119: $\mathfrak{a} \sim \mathfrak{a}$.

Beweis: $[1]\mathfrak{a} = [1]\mathfrak{a}$.

Satz 120: *Aus* $\mathfrak{a} \sim \mathfrak{b}$ *folgt* $\mathfrak{b} \sim \mathfrak{a}$.

Beweis: $[\beta]\mathfrak{b} = [\alpha]\mathfrak{a}$.

Satz 121: *Aus* $\mathfrak{a} \sim \mathfrak{b}$, $\mathfrak{b} \sim \mathfrak{c}$ *folgt* $\mathfrak{a} \sim \mathfrak{c}$.

Beweis: $[\alpha]\mathfrak{a} = [\beta]\mathfrak{b}$, $[\gamma]\mathfrak{b} = [\delta]\mathfrak{c}$, $[\alpha\gamma]\mathfrak{a} = [\beta\gamma]\mathfrak{b} = [\beta\delta]\mathfrak{c}$.

Satz 122: *Alle Hauptideale sind äquivalent, und jedes einem Hauptideal äquivalente Ideal ist Hauptideal.*

Beweis: 1. Sind $[\alpha]$, $[\beta]$ irgend zwei Hauptideale, so ist $[\beta][\alpha] = [\alpha][\beta]$, also $[\alpha] \sim [\beta]$.

2. Ist $[\alpha] \sim \mathfrak{a}$, so ist $[\gamma][\alpha] = [\delta]\mathfrak{a}$ bei passender Wahl von γ und δ, also $[\alpha\gamma] = [\delta]\mathfrak{a}$, $[\delta] \mid [\alpha\gamma]$, $\delta \mid \alpha\gamma$, $\alpha\gamma = \beta\delta$ (β ganz und $\neq 0$), $[\beta][\delta] = [\delta]\mathfrak{a}$, $\mathfrak{a} = [\beta]$.

---

1) Ich setze diese Wendung von jetzt ab in Anführungszeichen, da in unserer Körpertheorie das Wort konjugiert auch eine andere, gleichzeitig verwendete Bedeutung hat.

Satz 123: *Aus* $\mathfrak{a} \sim \mathfrak{b}$, $\mathfrak{c} \sim \mathfrak{d}$ *folgt* $\mathfrak{a}\mathfrak{c} \sim \mathfrak{b}\mathfrak{d}$.

Beweis: $[\alpha]\mathfrak{a} = [\beta]\mathfrak{b}$, $[\gamma]\mathfrak{c} = [\delta]\mathfrak{d}$, $[\alpha\gamma]\mathfrak{a}\mathfrak{c} = [\beta\delta]\mathfrak{b}\mathfrak{d}$.

Satz 124: *Aus* $\mathfrak{a}\mathfrak{c} \sim \mathfrak{b}\mathfrak{c}$ *folgt* $\mathfrak{a} \sim \mathfrak{b}$.

Beweis: $[\alpha]\mathfrak{a}\mathfrak{c} = [\beta]\mathfrak{b}\mathfrak{c}$, $[\alpha]\mathfrak{a} = [\beta]\mathfrak{b}$.

Satz 125: *Die Anzahl der „Idealklassen des Körpers", d. h. der Klassen, in die alle Ideale des Körpers auf Grund der Sätze* 119 *bis* 121 *zerfallen, ist endlich.*

Beweis: Es genügt zu zeigen, daß es in jeder Klasse ein Ideal mit

$$N\mathfrak{b} \leqq \sqrt{|\Delta|} \tag{52}$$

gibt; denn diese Ungleichung wird nach Satz 108 nur durch endlich viele Ideale erfüllt. Es sei eine Idealklasse gegeben, $\mathfrak{c}$ ein beliebiges Ideal derselben, $\mathfrak{a}$ nach Satz 68 so gewählt, daß $\mathfrak{c}\mathfrak{a} \sim \mathfrak{o}$ ist, und Satz 118 auf $\mathfrak{a}$ angewendet. Dann habe ich ein Ideal $\mathfrak{b}$, so daß $\mathfrak{a}\mathfrak{b} \sim \mathfrak{o}$ ist und (52) gilt; wegen $\mathfrak{c}\mathfrak{a} \sim \mathfrak{b}\mathfrak{a}$ ist $\mathfrak{b}$ nach Satz 124 der gegebenen Klasse angehörig.

Definition 37: *Ist* $\mathfrak{K}$ *eine Idealklasse, so heißt die nach Satz* 68, 123 *und* 124 *eindeutig bestimmte Klasse* $\mathfrak{K}^{-1}$, *so daß jedes Ideal von* $\mathfrak{K}$ *mal jedem Ideal von* $\mathfrak{K}^{-1}$ *ein Hauptideal ist, die zu* $\mathfrak{K}$ *inverse Klasse.*

Satz 126: $(\mathfrak{K}^{-1})^{-1} = \mathfrak{K}$.

Beweis: Klar.

Definition 38: *Es sei M ein System von n linear unabhängigen Zahlen des Körpers* $\alpha_1, \cdots, \alpha_n$. *Dann nenne ich die wegen*

$$|S(\alpha_k\alpha_l)| = \Delta(\alpha_1, \cdots, \alpha_n) \neq 0 \tag{53}$$

(siehe (19)*) eindeutig vorhandene, dem Körper angehörige Lösung* $A_1, \cdots, A_n$ *der linearen Gleichungen*

$$\alpha_k = \sum_{m=1}^{n} S(\alpha_k\alpha_m) A_m, \quad 1 \leqq k \leqq n, \tag{54}$$

das komplementäre System M' zum gegebenen System M.

Satz 127: $A_1, \cdots, A_n$ *sind linear unabhängig.*

Beweis: Nach Satz 40 ist

$$\Delta(\alpha_1, \cdots, \alpha_n) = |S(\alpha_k\alpha_l)|^2 \Delta(A_1, \cdots, A_n),$$

woraus nach (53)

$$1 = \Delta(\alpha_1, \cdots, \alpha_n)\, \Delta(A_1, \cdots, A_n), \tag{55}$$

$$\Delta(A_1, \cdots, A_n) \neq 0$$

folgt.

Satz 128: *Wenn* $\vartheta_1, \cdots, \vartheta_n$ *die zu* ϑ *konjugierten Zahlen sind, und der obere Index dem Körper* $\mathsf{P}(\vartheta_l)$ *bzw.* $\mathsf{P}(\vartheta_k)$ *entspricht, ist (wenn k die Zeile, l die Spalte der Matrizen und* $E = (e_{kl})$ *die Einheitsmatrix bezeichnet)*

$$(\alpha_k^{(l)})\,(A_l^{(k)}) = E,$$

also, wenn $\vartheta = \vartheta_v$ ist, M' die $v$te Zeile der zur Matrix $(\alpha_k^{(l)})$ mit der $v$ten Spalte M inversen Matrix.

Beweis: Nach (54) ist

$$\alpha_k^{(l)} = \sum_m S(\alpha_k \alpha_m) A_m^{(l)},$$

$$(\alpha_k^{(l)}) = (S(\alpha_k \alpha_l)) (A_k^{(l)}) = \left(\sum_m \alpha_k^{(m)} \alpha_l^{(m)}\right) (A_k^{(l)}) = (\alpha_k^{(l)}) (\alpha_l^{(k)}) (A_k^{(l)}),$$

$$E = (\alpha_l^{(k)}) (A_k^{(l)}),$$

$$E = (A_k^{(l)})(\alpha_l^{(k)}), \tag{56}$$

also durch Vertauschung von Zeilen und Spalten

$$(\alpha_k^{(l)}) (A_l^{(k)}) = E.$$

Satz 129: *Zum System M' ist M komplementär:*

$$(M')' = M.$$

Beweis: Nach (56) ist M die $v$te Zeile der zu $(A_k^{(l)})$ inversen Matrix.

Satz 130: *Ist η eine Zahl $\neq 0$ des Körpers, so ist zu $\eta\alpha_1, \cdots, \eta\alpha_n$ das System $\frac{1}{\eta} A_1, \cdots, \frac{1}{\eta} A_n$ komplementär.*

Beweis:

$$(\eta^{(l)}\alpha_k^{(l)}) \left(\frac{1}{\eta^{(k)}} A_l^{(k)}\right) = \left(\sum_m \eta^{(m)} \alpha_k^{(m)} \frac{1}{\eta^{(m)}} A_l^{(m)}\right) = \left(\sum_m \alpha_k^{(m)} A_l^{(m)}\right) = (e_{kl})$$

und Satz 128.

Satz 131: *Es sei $\mathfrak{K}$ eine Idealklasse, $\mathfrak{a}$ ein Ideal dieser Klasse, $\alpha_1, \cdots, \alpha_n$ eine Basis M von $\mathfrak{a}$. Es sei $A_1, \cdots, A_n$ das zu M komplementäre System M'. Es sei γ irgend eine (nach Satz 20 vorhandene) von 0 verschiedene Zahl des Körpers, so daß $\gamma A_1, \cdots, \gamma A_n$ ganz sind.*

Behauptet wird: 1. *$\gamma A_1, \cdots, \gamma A_n$ ist eine Basis eines Ideals $\mathfrak{b}$.*

2. *Die Idealklasse $\mathfrak{K}'$, der $\mathfrak{b}$ angehört, ist unabhängig:*

a) *von der Wahl von γ,*

b) *von der Wahl der Basis M des Ideals $\mathfrak{a}$,*

c) *von der Wahl des Repräsentanten $\mathfrak{a}$ der Idealklasse $\mathfrak{K}$;*

so daß also $\mathfrak{K}'$ nur von $\mathfrak{K}$ abhängt.

3. *$(\mathfrak{K}')' = \mathfrak{K}$, so daß die Beziehung der Klasse $\mathfrak{K}'$ zur Klasse $\mathfrak{K}$ eine gegenseitige ist, und $\mathfrak{K}'$ mit $\mathfrak{K}$ sämtliche Idealklassen durchläuft.*

Beweis: 1. Nach Satz 100 genügt es zu zeigen, daß die Zahlen

$$h_1 \gamma A_1 + \cdots + h_n \gamma A_n, \tag{57}$$

wo die h ganz rational sind, sich durch Addition und Subtraktion reproduzieren (dies ist trivial) und daß das Produkt jeder Zahl (57) mit jeder ganzen Zahl η des Körpers wieder zur Menge (57) gehört. Denn dann ist ja der Wertevorrat (57) identisch mit dem Ideal $[\gamma A_1, \cdots, \gamma A_n] = \mathfrak{b}$.

Es braucht also nur gezeigt zu werden, daß das Produkt jedes

$$h_1 A_1 + \cdots + h_n A_n \tag{58}$$

mit η für $\eta \neq 0$ wieder von der Form (58) ist, d. h. daß ηA_l für $1 \leqq l \leqq n$ von dieser Form ist.

Da $\mathfrak{a}$ ein Ideal ist, bestehen n Gleichungen $(1 \leqq k \leqq n)$

$$\eta \alpha_k = \sum_m x_{km} \alpha_m$$

mit ganzen rationalen x_{km}, und die Determinante $|x_{kl}|$ verschwindet nicht, da sonst $\eta\alpha_1, \cdots, \eta\alpha_n$, also $\alpha_1, \cdots, \alpha_n$ linear abhängig wären. Daraus folgt

$$\eta^{(l)} \alpha_k^{(l)} = \sum_m x_{km} \alpha_m^{(l)},$$

$$(\eta^{(l)} \alpha_k^{(l)}) = (\sum_m x_{km} \alpha_m^{(l)}),$$

$$(\sum_m \alpha_k^{(m)} e_{ml} \eta^{(l)}) = (x_{kl}) (\alpha_k^{(l)}),$$

$$(\alpha_k^{(l)}) (e_{kl} \eta^{(l)}) = (x_{kl}) (\alpha_k^{(l)}),$$

also nach Satz 128

$$(e_{kl} \eta^{(l)})^{-1} (A_l^{(k)}) = (A_l^{(k)}) (x_{kl})^{-1},$$

$$(A_l^{(k)}) (x_{kl}) = (e_{kl} \eta^{(l)}) (A_l^{(k)}) = (\sum_m e_{km} \eta^{(m)} A_l^{(m)}) = (\eta^{(k)} A_l^{(k)}),$$

$$\eta^{(k)} A_l^{(k)} = \sum_m A_m^{(k)} x_{ml},$$

$$\eta A_l = \sum_m A_m x_{ml},$$

d. h. von der Form (58).

2. a) Ist $[\gamma_1 A_1, \cdots, \gamma_1 A_n] = \mathfrak{b}_1$, $[\gamma_2 A_1, \cdots, \gamma_2 A_n] = \mathfrak{b}_2$, so werde eine positive ganze rationale Zahl z so gewählt, daß $z\gamma_1$ und $z\gamma_2$ ganz sind. Dann ist

$$[z\gamma_2]\mathfrak{b}_1 = [z\gamma_1\gamma_2 A_1, \cdots, z\gamma_1\gamma_2 A_n] = [z\gamma_1]\mathfrak{b}_2,$$

$$\mathfrak{b}_1 \sim \mathfrak{b}_2.$$

Die Klasse $\mathfrak{K}'$ ist also von γ unabhängig.

b) Ist $\lambda_1, \cdots, \lambda_n$ eine andere Basis des Ideals $\mathfrak{a}$ und $\Lambda_1, \cdots, \Lambda_n$ das komplementäre System, so folgt aus

$$\lambda_k = \sum_m y_{km} \alpha_m,$$

wo die y ganz rational sind,

$$(\lambda_k^{(l)}) = \Big(\sum_m y_{km}\alpha_m^{(l)}\Big) = (y_{kl})\,(\alpha_k^{(l)}),$$

$$(\Lambda_l^{(k)}) = (A_l^{(k)})\,(y_{kl})^{-1},$$

$$(A_l^{(k)}) = (\Lambda_l^{(k)})\,(y_{kl}) = \Big(\sum_m \Lambda_m^{(k)} y_{ml}\Big),$$

$$A_l = \sum_m y_{ml}\Lambda_m.$$

Jede Zahl der Form

$$h_1 A_1 + \cdots + h_n A_n$$

(wo die h ganz rational sind) ist also von der Gestalt

$$j_1 \Lambda_1 + \cdots + j_n \Lambda_n$$

(wo die j ganz rational sind) und — aus Symmetriegründen — umgekehrt. Wird also eine Zahl $\gamma_0 \neq 0$ im Körper so gewählt, daß die $\gamma_0 A_l$ und $\gamma_0 \Lambda_l$ ganz sind, so ist $[\gamma_0 \Lambda_1, \cdots, \gamma_0 \Lambda_n] = [\gamma_0 A_1, \cdots, \gamma_0 A_n] \sim \mathfrak{b}$. Die Klasse $\mathfrak{K}'$ ist also von der Basis M unabhängig.

c) Ist $\mathfrak{a} \sim \mathfrak{j}$, also für gewisse zwei Hauptideale

$$[\alpha]\mathfrak{a} = [\iota]\mathfrak{j},$$

so folgt aus

$$[\alpha\alpha_1, \cdots, \alpha\alpha_n] = [\iota]\,\mathfrak{j},$$

daß die $\frac{\alpha\alpha_l}{\iota}$ ganz sind und

$$\mathfrak{j} = \left[\frac{\alpha}{\iota}\alpha_1, \cdots, \frac{\alpha}{\iota}\alpha_n\right]$$

ist. Wird $\frac{\alpha}{\iota} = \eta$ gesetzt, so bilden $\eta\alpha_1, \cdots, \eta\alpha_n$ eine Basis von $\mathfrak{j}$; es ist nach Satz 130 zu $\eta\alpha_1, \cdots, \eta\alpha_n$ komplementär das System $\frac{1}{\eta}A_1, \cdots, \frac{1}{\eta}A_n$, und es ist $\left[\gamma\eta\cdot\frac{1}{\eta}A_1, \cdots, \gamma\eta\cdot\frac{1}{\eta}A_n\right] = [\gamma A_1, \cdots, \gamma A_n] = \mathfrak{b}$. Die Klasse $\mathfrak{K}'$ ist also von $\mathfrak{a}$ unabhängig und hängt nur von $\mathfrak{K}$ ab.

3. In $\mathfrak{K}'$ wähle ich das Ideal $\mathfrak{b} = [\gamma A_1, \cdots, \gamma A_n]$. Zu seiner Basis ist nach Satz 129 und 130 das System $\frac{1}{\gamma}\alpha_1, \cdots, \frac{1}{\gamma}\alpha_n$ komplementär, und es ist $\left[\gamma\cdot\frac{1}{\gamma}\alpha_1, \cdots, \gamma\cdot\frac{1}{\gamma}\alpha_n\right] = [\alpha_1, \cdots, \alpha_n] = \mathfrak{a}$. Daher ist $(\mathfrak{K}')' = \mathfrak{K}$.

§ 9. Von den Einheiten.

Bezeichnungen: Für unseren Körper $\mathsf{P}(\vartheta)$ vom $n$ten Grade seien r_1 der Zahlen $\vartheta_1, \cdots, \vartheta_n$ reell, $2r_2$ derselben nicht reell ($r_1 \geqq 0$, $r_2 \geqq 0$, $r_1 + 2r_2 = n$). Die Numerierung sei so gewählt, daß $\vartheta_1, \cdots, \vartheta_{r_1}$ reell sind, dann von jedem Paar „konjugiert komplexer" ϑ_k eines folgt und dann die jeweils zweiten in beliebiger Reihenfolge. Wie all das im Falle $r_1 = 0$ oder $r_2 = 0$ gemeint ist, ergibt sich von selbst. ϑ selbst ist also ein $\vartheta_v (1 \leqq v \leqq n)$. Es werde

$$r_1 + r_2 - 1 = r$$

gesetzt, so daß also $r = 0$ im Falle $n = 1$ und im Falle $n = 2$, $r_1 = 0$, $r_2 = 1$, sonst $r > 0$ ist. Ich setze $d_k = 1$ für $1 \leqq k \leqq r_1$, $d_k = 2$ für $r_1 + 1 \leqq k \leqq r_1 + r_2$, so daß $\sum_{k=1}^{r+1} d_k = r_1 + 2r_2 = n$ ist. Es sei $\omega_1, \cdots, \omega_n$ eine Basis des Körpers; es seien $\omega_1^{(k)}, \cdots, \omega_n^{(k)}$ die in $\mathsf{P}(\vartheta_k)$ entsprechenden Zahlen. Dann entspricht der beliebigen ganzen Zahl ξ des Körpers

$$\xi = \omega_1 x_1 + \cdots + \omega_n x_n$$

(wo die x ganz rational sind) in $\mathsf{P}(\vartheta_k)$ die Zahl

$$\xi^{(k)} = \omega_1^{(k)} x_1 + \cdots + \omega_n^{(k)} x_n,$$

so daß

$$N\xi = \prod_{k=1}^{n} \xi^{(k)},$$

(59) $$|N\xi| = \prod_{k=1}^{n} |\xi^{(k)}| = \prod_{k=1}^{r+1} |\xi^{(k)}|^{d_k}$$

ist. Ist $\xi \neq 0$, so sind nach Satz 33 alle $\xi^{(k)} \neq 0$, so daß von $\log |\xi^{(k)}|$ gesprochen werden kann (im Sinne des reellen Wertes des Logarithmus).

Satz 132: *ξ ist dann und nur dann Einheit, wenn*

$$\sum_{k=1}^{r+1} d_k \log |\xi^{(k)}| = 0$$

ist.

Beweis: Folgt aus (59) und Satz 46.

Satz 133: *Es sei $r > 0$. Es seien $\gamma_1, \cdots, \gamma_r$ reelle, nicht sämtlich verschwindende Zahlen. Dann gibt es im Körper eine Einheit ε, für die*

$$\sum_{k=1}^{r} \gamma_k \log |\varepsilon^{(k)}| \neq 0$$

ist.

Beweis: Man bestimme r feste reelle $\lambda_1, \cdots, \lambda_r$ irgendwie so, daß

$$(60) \qquad \sum_{k=1}^{r} \gamma_k \lambda_k = 1$$

ist.

μ sei ein reeller Parameter, über den noch in verschiedener Weise verfügt werden wird. Man setze für $1 \leqq k \leqq r$

$$(61) \qquad A_k = e^{\lambda_k \mu}.$$

Der Satz 116 wird nun angewendet: auf die homogenen linearen Funktionen $z_k = \omega_1^{(k)} x_1 + \cdots + \omega_n^{(k)} x_n$ (die für ganzzahlige x_l die Zahlen $\xi^{(k)}$ liefern), bei denen das Quadrat der Determinante Γ der Koeffizienten gleich der Grundzahl $\varDelta$ des Körpers ist, und auf positive $D_1, \cdots, D_n$, die so bestimmt sind, daß ihr Produkt $\sqrt{|\varDelta|}$ ist, daß

$$(62) \qquad D_1 = A_1, \cdots, D_r = A_r$$

ist und daß die folgenden D_k so beschaffen sind, daß zwei „konjugiert-komplexen" ϑ_k dasselbe D_k entspricht; eine solche Wahl der D_k ist möglich, da ja über D_{r+1} noch nicht verfügt war. (Im Falle $r_1 = n$, d. h. $r = n - 1$ hat man $D_{r+1} = \frac{\sqrt{|\varDelta|}}{D_1 \cdots D_r}$ zu setzen; im Falle $r_1 < n$ ist D_{r+1} so zu wählen, daß $D_1 \cdots D_{r_1} D_{r_1+1}^2 \cdots D_r^2 D_{r+1}^2 = \sqrt{|\varDelta|}$ ist und die übrigen D_k entsprechend dem Werte beim „konjugiert komplexen" $\vartheta_{k'}$.)

Nach Satz 116 gibt es eine von 0 verschiedene ganze Zahl ξ des Körpers, so daß für $1 \leqq k \leqq n$

$$(63) \qquad |\xi^{(k)}| \leqq D_k$$

ist. Dies ξ hängt von μ ab.

Aus (63) folgt zunächst durch Multiplikation

$$(64) \qquad |N\xi| \leqq \prod_{k=1}^{n} D_k = \sqrt{|\varDelta|}.$$

Ich will jetzt durch passende Wahl des μ unter anderem zeigen, daß unter jenen Zahlen $\xi = \xi(\mu)$ unendlich viele verschiedene sich befinden.

Für alle k der Reihe $1 \leqq k \leqq r$ ist wegen

$$|N\xi| \geqq 1,$$

wenn in Π' der Faktor mit $l = k$ fehlt,

$$(65) \qquad |\xi^{(k)}| \geqq \prod_{l=1}^{n}{}' \frac{1}{|\xi^{(l)}|} \geqq \prod_{l=1}^{n}{}' \frac{1}{D_l} = \frac{D_k}{D_1 \cdots D_n} = \frac{A_k}{\sqrt{|\varDelta|}};$$

wird also die nur vom Körper abhängige Zahl

$$\log \sqrt{|\Delta|} = \beta$$

gesetzt, so ist nach (61), (62), (63) und (65)

$$\lambda_k \mu = \log A_k = \log D_k \geqq \log |\xi^{(k)}| \geqq \log A_k - \beta = \lambda_k \mu - \beta,$$

(66) $$|\log |\xi^{(k)}| - \lambda_k \mu| \leqq \beta.$$

Wird nun zur Abkürzung

$$\sum_{k=1}^{r} \gamma_k \log |\xi^{(k)}| = L(\xi)$$

gesetzt, so ist nach (60)

$$L(\xi) - \mu = \sum_{k=1}^{r} \gamma_k (\log |\xi^{(k)}| - \lambda_k \mu),$$

also nach (66)

$$|L(\xi) - \mu| \leqq \beta \sum_{k=1}^{r} |\gamma_k|,$$

(67) $$-B < L(\xi) - \mu < B,$$

wo B zwar vom Körper und den γ, aber nicht von μ abhängt. Nun werde sukzessive

$$\mu = 0, 2B, 4B, 6B, \cdots$$

gesetzt. Dadurch entsteht nach (67) jedesmal ein anderes ξ, da $L(\xi)$ bzw. im Innern der Intervalle $-B$ bis B, B bis $3B$, $3B$ bis $5B, \cdots$ liegt. Wegen (64) sind nach Satz 108 unter den zugehörigen unendlich vielen Hauptidealen $[\xi]$ nur endlich viele verschiedene. Es gibt also nach Satz 57 zwei verschiedene, aber assoziierte ξ_1, ξ_2, so daß

$$L(\xi_1) \neq L(\xi_2)$$

ist. Die Einheit $\varepsilon = \frac{\xi_1}{\xi_2}$ erfüllt also wegen

$$L(\varepsilon) = \sum_{k=1}^{r} \gamma_k \log \frac{|\xi_1^{(k)}|}{|\xi_2^{(k)}|} = L(\xi_1) - L(\xi_2)$$

die Bedingung

(68) $$L(\varepsilon) \neq 0,$$

womit Satz 133 bewiesen ist.

Satz 134: *Im Falle $r > 0$ enthält der Körper unendlich viele Einheiten.*

Beweis: ε sei irgend eine durch Satz 133 gelieferte Einheit. Für ganzes rationales a hat wegen (68)

$$L(\varepsilon^a) = a L(\varepsilon)$$

jedesmal einen anderen Wert, weshalb alle ε^a verschieden sind. (Mit anderen Worten: ε ist keine Einheitswurzel.)

Satz 135: *In einem algebraischen Körper gibt es nur endlich viele Einheitswurzeln (die natürlich alle Einheiten sind).*

Beweis: Jede ganze Zahl α des Körpers genügt nach Satz 33 einer irreduziblen Gleichung $m$ten Grades

$$g(x) = x^m - b_{m-1}x^{m-1} + \cdots + (-1)^m b_0 = 0 \tag{69}$$

mit $m \leqq n$ und ganzen rationalen b. Ist α Einheitswurzel (nämlich etwa $\alpha^q = 1$), so sind auch die konjugierten Zahlen Einheitswurzeln (da sie auch Wurzeln von $x^q - 1 = 0$ sind). Daher ist, weil die b die elementaren symmetrischen Funktionen der Wurzeln von (69) sind,

$$|b_0| \leqq 1, |b_1| \leqq \binom{m}{1}, |b_2| \leqq \binom{m}{2}, \cdots, |b_{m-1}| \leqq \binom{m}{m-1}.$$

Bei festem n kommen also nur endlich viele Gleichungen (69) in Betracht.

Satz 136: *Es sei $r > 0$. Dann gibt es im Körper r Einheiten $\eta_1, \cdots, \eta_r$, so daß die Determinante*

$$\begin{vmatrix} \log|\eta_1^{(1)}| & \cdots & \log|\eta_r^{(1)}| \\ \cdot & \cdot & \cdot \\ \log|\eta_1^{(r)}| & \cdots & \log|\eta_r^{(r)}| \end{vmatrix} \neq 0 \tag{70}$$

ist. (Eo ipso sind dann $\eta_1, \cdots, \eta_r$ verschieden.)

Beweis: Auf Grund des Satzes 133 wähle man, von $\gamma_1 = 1, \gamma_2 = \cdots = \gamma_r = 0$ ausgehend, eine Einheit η_1 mit

$$\log|\eta_1^{(1)}| \neq 0;$$

hierauf, wenn $r > 1$ ist, von $\gamma_1 = -\log|\eta_1^{(2)}|, \gamma_2 = \log|\eta_1^{(1)}| \neq 0, \gamma_3 = \cdots = \gamma_r = 0$ ausgehend, eine Einheit η_2 mit

$$\begin{vmatrix} \log|\eta_1^{(1)}| & \log|\eta_2^{(1)}| \\ \log|\eta_1^{(2)}| & \log|\eta_2^{(2)}| \end{vmatrix} \neq 0,$$

usf. bis zu (70), indem zuletzt $\gamma_1, \cdots, \gamma_r$ die Unterdeterminanten der letzten Spalte der Determinante in (70) bezeichnen, von denen die letzte nicht verschwindet.

Satz 137: *Es bezeichne w die nach Satz 135 endliche Anzahl der Einheitswurzeln im Körper. 1. Im Falle $r = 0$ enthält der Körper außer diesen w Einheitswurzeln keine Einheiten. 2. Im Falle $r > 0$ gibt es ein System von r Einheiten $\varepsilon_1, \cdots, \varepsilon_r$ derart, daß der Ausdruck*

$$\varrho\, \varepsilon_1^{a_1} \cdots \varepsilon_r^{a_r},$$

wo unabhängig ϱ alle w Einheitswurzeln des Körpers durchläuft und $a_1, \cdots, a_r$ unabhängig alle ganzen rationalen Zahlen durchlaufen, alle Einheiten H des Körpers darstellt und jede nur einmal.

Beweis: 1. Es sei $r = 0$. Für den Körper der rationalen Zahlen ist alles klar, da ± 1 die Einheiten sind. Es sei also $n = 2, r_1 = 0, r_2 = 1$, d. h. der Körper vom zweiten Grade und nicht reell. Zu beweisen ist, daß jede Einheit Einheitswurzel ist. Ist ε eine von ± 1 verschiedene Einheit, so ist $N(\varepsilon) = |\varepsilon|^2 = \pm 1$, also $|\varepsilon|^2 = 1, |\varepsilon| = 1, |S(\varepsilon)| < |\varepsilon| + |\varepsilon| = 2$; ε genügt also einer der Gleichungen $x^2 + x + 1 = 0,\ x^2 + 1 = 0,\ x^2 - x + 1 = 0$, deren Wurzeln sämtlich Einheitswurzeln sind.

2. Es sei $r > 0$. Es bedeute $\eta_1, \cdots, \eta_r$ ein beliebiges System von Einheiten, das (70) erfüllt. H sei eine beliebige Einheit des Körpers. Wegen (70) gibt es reelle Zahlen $\mu_1, \cdots, \mu_r$, so daß

$$\log|H^{(k)}| = \sum_{l=1}^{r} \mu_l \log|\eta_l^{(k)}|, \qquad 1 \leqq k \leqq r,$$

ist. Wird $\mu_l = m_l + \tau_l$, m_l ganz rational, $0 \leqq \tau_l < 1$ gesetzt $(1 \leqq l \leqq r)$, d. h. m_l gleich der größten ganzen rationalen Zahl $\leqq \mu_l$, und wird

$$\sum_{l=1}^{r} \tau_l \log|\eta_l^{(k)}| = \nu_k$$

gesetzt $(1 \leqq k \leqq r)$, so ist

$$|\nu_k| \leqq \sum_{l=1}^{r} \big|\log|\eta_l^{(k)}|\big| = \Omega_k,$$

also $|\nu_k|$ unterhalb einer von H und k freien Schranke Ω gelegen; ferner ist

(71) $$\log|H^{(k)}| = \sum_{l=1}^{r} m_l \log|\eta_l^{(k)}| + \nu_k.$$

Nun ist

$$E = \frac{H}{\eta_1^{m_1} \cdots \eta_r^{m_r}}$$

eine Einheit und nach (71) für $1 \leqq k \leqq r$

$$\log|E^{(k)}| = \nu_k.$$

Daher ist für $1 \leqq k \leqq r$

$$\big|\log|E^{(k)}|\big| < \Omega;$$

nach Satz 132 ist

$$\sum_{k=1}^{r+1} d_k \log|E^{(k)}| = 0,$$

also

$$d_{r+1} \log|E^{(r+1)}| < \Omega \sum_{k=1}^{r} d_k < n\Omega,$$

$$\log|E^{(r+1)}| < n\Omega.$$

Demnach ist für $1 \leqq k \leqq n$

$$\log |E^{(k)}| < n\Omega,$$
$$|E^{(k)}| < e^{n\Omega} = N,$$

wo N von H und k unabhängig ist.

Es genügen aber nur endlich viele ganze Zahlen α des Körpers der Bedingung

$$|\alpha^{(k)}| < N, \qquad 1 \leqq k \leqq n,$$

da die Funktion

$$\prod_{k=1}^{n}(x - \alpha^{(k)}) = x^n + b_{n-1}x^{n-1} + \cdots + b_0$$

wegen der Ganzzahligkeit der rationalen b nebst

$$|b_0| < N^n, \; |b_1| < \binom{n}{1} N^{n-1}, \cdots, \; |b_{n-1}| < \binom{n}{n-1} N$$

nur endlich-vieldeutig ist. Also gehört E einem endlichen Wertevorrat an.

Es gibt also endlich viele verschiedene Einheiten $H_1, \cdots, H_u$, so daß jede Einheit von der Gestalt

(72) $$H = H_v \eta_1^{m_1} \cdots \eta_r^{m_r} \qquad (1 \leqq v \leqq u)$$

ist. Für jedes v sind $1, H_v, \cdots, H_v^u$ Einheiten; da dies $u + 1$ Zahlen sind (verschieden oder nicht), sind wegen (72) mindestens zwei darunter von der Gestalt

$$H_{v_0} \eta_1^{m_1'} \cdots \eta_r^{m_r'}, \quad H_{v_0} \eta_1^{m_1''} \cdots \eta_r^{m_r''}$$

mit demselben v_0. Der Quotient beider ist von der Gestalt $\eta_1^{q_1} \cdots \eta_r^{q_r}$. Folglich gibt es zu jedem v ein ganzes rationales $j_v > 0$, so daß

$$H_v^{j_v} = \eta_1^{q_1} \cdots \eta_r^{q_r}$$

ist. Wird das kleinste gemeinsame Vielfache der j_v $(1 \leqq v \leqq u)$ mit j bezeichnet, so ist für jedes v

(73) $$H_v^j = \eta_1^{w_1} \cdots \eta_r^{w_r}.$$

Für jede Einheit H ist also nach (72) und (73)

$$H^j = \eta_1^{t_1} \cdots \eta_r^{t_r},$$

also

(74) $$\log |H^{(k)}| = \frac{\sum_{l=1}^{r} t_l \log |\eta_l^{(k)}|}{j} \qquad (1 \leqq k \leqq n).$$

Ich werde nun r Einheiten $\varepsilon_1, \cdots, \varepsilon_r$ so finden, daß für jede Einheit H

(75) $$\log |H^{(k)}| = \sum_{m=1}^{r} a_m \log |\varepsilon_m^{(k)}| \qquad (1 \leqq k \leqq n)$$

mit ganzen rationalen a_m ist.

Es sei ε_m für jedes m der Reihe $1 \leqq m \leqq r$ so gewählt, daß für $1 \leqq k \leqq n$

$$\log|\varepsilon_m^{(k)}| = \frac{\sum_{l=1}^{m} t_{ml} \log|\eta_l^{(k)}|}{j}$$

und hierin $t_{mm} > 0$ und möglichst klein ist. Ein solches ε_m gibt es, da ja

$$\log|\eta_m^{(k)}| = \frac{j \log|\eta_m^{(k)}|}{j}$$

ist. Ich behaupte, daß diese ε_m die Bedingung (75) erfüllen. Denn H sei eine beliebige Einheit. In (74) ist t_r durch t_{rr} teilbar; denn $t_r = a_r t_{rr} + s_r$, $0 \leqq s_r < t_{rr}$, gibt

$$\log\left|\left(\frac{H}{\varepsilon_r^{a_r}}\right)^{(k)}\right| = \frac{\sum_{l=1}^{r-1} t_l' \log|\eta_l^{(k)}| + s_r \log|\eta_r^{(k)}|}{j},$$

$$s_r = 0.$$

In

$$\log\left|\left(\frac{H}{\varepsilon_r^{a_r}}\right)^{(k)}\right| = \frac{\sum_{l=1}^{r-1} t_l' \log|\eta_l^{(k)}|}{j}$$

folgt ebenso weiter, daß $t'_{r-1} = a_{r-1} t_{r-1, r-1}$ ist, also

$$\log\left|\left(\frac{H}{\varepsilon_r^{a_r}\varepsilon_{r-1}^{a_{r-1}}}\right)^{(k)}\right| = \frac{\sum_{l=1}^{r-2} t_l'' \log|\eta_l^{(k)}|}{j},$$

usf. bis zu

(76) $$\log\left|\left(\frac{H}{\varepsilon_r^{a_r}\cdots\varepsilon_1^{a_1}}\right)^{(k)}\right| = 0,$$

(75) $$\log|H^{(k)}| = \sum_{m=1}^{r} a_m \log|\varepsilon_m^{(k)}|.$$

Schließlich werde ich zeigen, daß diese $\varepsilon_1, \cdots, \varepsilon_r$ die Forderungen des Satzes 137 erfüllen. Wird für eine beliebige Einheit H und die durch (75) bestimmbaren a_m

$$\frac{H}{\varepsilon_1^{a_1}\cdots\varepsilon_r^{a_r}} = \varrho$$

gesetzt, so ist nach (75), da (76) daraus folgt,

$$\log|\varrho^{(k)}| = 0 \qquad (1 \leqq k \leqq n).$$

Nach (72) und (73) ist

$$\varrho^j = \eta_1^{u_1} \cdots \eta_r^{u_r},$$

also

$$\sum_{m=1}^{r} u_m \log |\eta_m^{(k)}| = 0 \qquad (1 \leqq k \leqq r),$$

folglich nach (70)

$$u_1 = \cdots = u_r = 0,$$

$$\varrho^j = 1,$$

ϱ Einheitswurzel.

H hat also die Gestalt

$$H = \varrho \varepsilon_1^{a_1} \cdots \varepsilon_r^{a_r}, \tag{77}$$

wo ϱ Einheitswurzel, die a ganz rational sind.

Es ist nur noch zu zeigen, daß hierin die a durch H eindeutig bestimmt sind; dann ist ja auch ϱ eindeutig bestimmt, und die in (77) auftretenden ϱ sind sämtliche Einheitswurzeln des Körpers, da ja jede Einheitswurzel ϱ_0 des Körpers $= \varrho_0 \varepsilon_1^0 \cdots \varepsilon_r^0$ ist, also rechts in (77) als ϱ jede Einheitswurzel des Körpers vorkommt.

Aus

$$\varrho \varepsilon_1^{a_1} \cdots \varepsilon_r^{a_r} = \varrho' \varepsilon_1^{a_1'} \cdots \varepsilon_r^{a_r'}$$

(ϱ, ϱ' Einheitswurzeln, a, a' ganz rational) folgt für $1 \leqq k \leqq r$

$$\sum_{m=1}^{r} a_m \log |\varepsilon_m^{(k)}| = \sum_{m=1}^{r} a_m' \log |\varepsilon_m^{(k)}|,$$

$$\sum_{m=1}^{r} (a_m - a_m') \log |\varepsilon_m^{(k)}| = 0,$$

so daß es genügt, für die Determinante

$$\left| \log |\varepsilon_m^{(k)}| \right| \neq 0 \tag{78}$$

zu zeigen. Aus

$$\eta_1 = \varrho_1 \varepsilon_1^{a_{11}} \cdots \varepsilon_r^{a_{1r}},$$

$$\cdot \quad \cdot \quad \cdot \quad \cdot \quad \cdot \quad \cdot \quad \cdot \quad \cdot$$

$$\eta_r = \varrho_r \varepsilon_1^{a_{r1}} \cdots \varepsilon_r^{a_{rr}}$$

folgt aber

$$\log |\eta_m^{(k)}| = \sum_{l=1}^{r} a_{ml} \log |\varepsilon_l^{(k)}| \qquad (1 \leqq k \leqq r),$$

also für die Determinanten

$$\left| \log |\eta_m^{(k)}| \right| = |a_{mk}| \left| \log |\varepsilon_m^{(k)}| \right|, \tag{79}$$

so daß aus (70) wirklich (78) folgt.

Definition 39: *Es sei $r > 0$. Jedes System $\varepsilon_1, \cdots, \varepsilon_r$ im Sinne des Satzes* 137 *heißt System von Grundeinheiten des Körpers.*

Satz 138: *Für jedes System von Grundeinheiten hat die Determinante*

$$(80)\qquad \left|\log|\varepsilon_m^{(k)}|\right| \qquad \begin{pmatrix} m=1,\cdots,r \\ k=1,\cdots,r \end{pmatrix}$$

absolut genommen denselben Wert.

Beweis: Es seien $\varepsilon_1, \cdots, \varepsilon_r$; $E_1, \cdots, E_r$ zwei Systeme von Grundeinheiten und (78) für das erste gültig. Nach den analog zu (79) abzuleitenden Relationen

$$\left|\log|E_m^{(k)}|\right| = g\left|\log|\varepsilon_m^{(k)}|\right|,$$

$$\left|\log|\varepsilon_m^{(k)}|\right| = g'\left|\log|E_m^{(k)}|\right|,$$

wo g, g' ganze rationale Zahlen sind, ist

$$\left|\log|\varepsilon_m^{(k)}|\right| = gg'\left|\log|\varepsilon_m^{(k)}|\right|,$$

also wegen (78)

$$gg' = 1,$$

$$g = \pm 1,$$

$$\left|\log|E_m^{(k)}|\right| = \pm\left|\log|\varepsilon_m^{(k)}|\right|.$$

Satz 139: *Der absolute Wert M der Determinante* (80) *für irgend ein System von Grundeinheiten hängt nur vom Körper ab.*

Beweis: Der absolute Betrag der Determinante $(r+1)$ter Ordnung

$$\begin{vmatrix} d_1\log|\varepsilon_1^{(1)}| & \cdots & d_1\log|\varepsilon_r^{(1)}| & d_1 \\ \cdot & \cdot & \cdot & \cdot \\ d_{r+1}\log|\varepsilon_1^{(r+1)}| & \cdots & d_{r+1}\log|\varepsilon_r^{(r+1)}| & d_{r+1} \end{vmatrix}$$

ist offenbar unabhängig von der Reihenfolge der reellen $\vartheta_1, \cdots, \vartheta_{r_1}$; von der Auswahl der nicht reellen $\vartheta_{r_1+1}, \cdots, \vartheta_{r+1}$ und von deren Reihenfolge. Werden die r ersten Zeilen zur letzten addiert, so wird diese Zeile nach Satz 132

$$0, \cdots, 0, n;$$

daher ist unsere Determinante $(r+1)$ter Ordnung gleich $nd_1\cdots d_r$ mal der Determinante (80), und schließlich ist $d_1\cdots d_r = 1$ für $r_2 = 0$, $= 2^{r_2-1}$ für $r_2 > 0$. M hängt also höchstens von ϑ ab.

Ist Θ eine andere den Körper bestimmende Zahl, so ist $\Theta = \psi(\vartheta)$; nach Satz 33 und 35 sind die zu Θ konjugierten Zahlen $\Theta_1 = \psi(\vartheta_1), \cdots, \Theta_n = \psi(\vartheta_n)$. Aus $\varepsilon_m = g_m(\Theta) = g_m(\psi(\vartheta))$ folgt $g_m(\Theta_k) = g_m(\psi(\vartheta_k)) = \varepsilon_m^{(k)}$ im alten Sinne, so daß bereits $\varepsilon_m^{(k)}$ von ϑ unabhängig ist.

Zweiter Teil.

Analytische Idealtheorie.

Erstes Kapitel.

Fortsetzung der Dedekindschen Zetafunktion.

§ 10. Einfachste Eigenschaften der Dedekindschen Zetafunktion.

Satz 140: *Die über alle Primideale* $\mathfrak{p}$ *des Körpers erstreckte Reihe*

$$\sum_{\mathfrak{p}} \frac{1}{N\mathfrak{p}^s} \tag{81}$$

konvergiert für $s > 1$.

Vorbemerkung: $N\mathfrak{p}^s$ bedeutet $(N\mathfrak{p})^s$. Ich lasse die Klammer weg, da $N(\mathfrak{p}^s)$ für ganzes rationales $s \geqq 0$ dasselbe bedeutet und sonst keinen Sinn hat; desgl. später bei komplexem s und $N\mathfrak{a}^s$. Auf die Reihenfolge der Glieder in der Behauptung kommt es nicht an, da sie > 0 sind.

Beweis: Jedes Primideal $\mathfrak{p}$ geht in genau einer Primzahl p auf, und nach Satz 107 ist dann $N\mathfrak{p} = p^f$, $1 \leqq f \leqq n$. In p gehen höchstens n verschiedene Primideale auf, da aus $[p] = \mathfrak{p}_1 \mathfrak{p}_2 \cdots \mathfrak{p}_q$ folgt:

$$p^n = N[p] = N\mathfrak{p}_1 \cdot N\mathfrak{p}_2 \cdots N\mathfrak{p}_q = p^{f_1} p^{f_2} \cdots p^{f_q},$$
$$n = f_1 + \cdots + f_q \geqq q.$$

Die Teilsumme von (81), die sich auf die zu p gehörigen verschiedenen $\mathfrak{p}$ bezieht, ist daher

$$\leqq \sum_{Q=1}^{q} \frac{1}{p^{f_Q s}} \leqq \frac{n}{p^s},$$

und bekanntlich konvergiert

$$\sum_{p} \frac{1}{p^s},$$

da sogar

$$\sum_{n=1}^{\infty} \frac{1}{n^s}$$

es tut.

Satz 141: *Es bedeute von nun an y^s für $y > 0$ und komplexes $s = \sigma + t i$ die ganze Funktion $e^{s \log y}$ von s, in der $\log y$ den reellen Logarithmus bezeichnet.*

1. *Dann konvergiert für $\sigma > 1$ das Produkt*

$$\prod_{\mathfrak{p}} \frac{1}{1 - \frac{1}{N\mathfrak{p}^s}} \tag{82}$$

gegen einen von der Anordnung der Faktoren unabhängigen, von 0 verschiedenen Grenzwert.

2. *Ferner ist die über alle Ideale $\mathfrak{a}$ erstreckte Summe*

$$\sum_{\mathfrak{a}} \frac{1}{N\mathfrak{a}^s} = \zeta(s) \tag{83}$$

für $\sigma > 1$ absolut konvergent.

3. *Endlich ist für $\sigma > 1$*

$$\prod_{\mathfrak{p}} \frac{1}{1 - \frac{1}{N\mathfrak{p}^s}} = \zeta(s), \tag{84}$$

so daß $\zeta(s)$ für $\sigma > 1$ nicht verschwindet.

Beweis: 1. Die Konvergenz des beliebig geordneten Produktes gegen einen von 0 verschiedenen Wert folgt daraus, daß bekanntlich jedes

$$\prod_m \frac{1}{1 - u_m},$$

wo alle $|u_m| \leq \frac{1}{2}$ sind und wo $\sum\limits_m |u_m|$ konvergiert, diese Eigenschaft hat. (In der Tat ist ja

$$\frac{1}{1 - u_m} = e^{u_m + \frac{1}{2} u_m^2 + \frac{1}{3} u_m^3 + \cdots}$$

und hierin der Exponent absolut genommen

$$\leq |u_m| + |u_m|^2 + |u_m|^3 + \cdots = \frac{|u_m|}{1 - |u_m|} \leq 2 |u_m|.)$$

Hier ist für $\sigma > 1$ jedes $\left|\frac{1}{N\mathfrak{p}^s}\right| = \frac{1}{N\mathfrak{p}^\sigma} < \frac{1}{2^1}$ und $\sum\limits_{\mathfrak{p}} \frac{1}{N\mathfrak{p}^\sigma}$ nach Satz 140 konvergent.

2. Ich ordne nun im Produkt (82) die $\mathfrak{p}$ nach wachsenden Normen, wobei die Reihenfolge der $\mathfrak{p}$ mit gleicher Norm unerheblich ist. Dann ist für $\sigma > 1$ und alle x, die größer sind als die kleinste Primidealnorm, nach Satz 85 und 97

$$\prod_{N\mathfrak{p} \leq x} \frac{1}{1 - \frac{1}{N\mathfrak{p}^s}} = \prod_{N\mathfrak{p} \leq x} \left(1 + \frac{1}{N\mathfrak{p}^s} + \frac{1}{N\mathfrak{p}^{2s}} + \frac{1}{N\mathfrak{p}^{3s}} + \cdots\right) = \sum_{\mathfrak{a}}{}' \frac{1}{N\mathfrak{a}^s},$$

wo $\mathfrak{a}$ in Σ' alle Ideale durchläuft, die durch kein Primideal mit Norm $> x$ teilbar sind. Zu diesen $\mathfrak{a}$ gehören aber alle Ideale, deren Norm selber $\leqq x$ ist. Also ist für $\sigma > 1$

$$\prod_{N\mathfrak{p} \leqq x} \frac{1}{1 - \frac{1}{N\mathfrak{p}^s}} = \sum_{N\mathfrak{a} \leqq x} \frac{1}{N\mathfrak{a}^s} + \sum_{N\mathfrak{a} > x}' \frac{1}{N\mathfrak{a}^s}. \tag{85}$$

Aus (85) folgt für $s > 1$

$$\sum_{N\mathfrak{a} \leqq x} \frac{1}{N\mathfrak{a}^s} < \prod_{N\mathfrak{p} \leqq x} \frac{1}{1 - \frac{1}{N\mathfrak{p}^s}} < \prod_{\mathfrak{p}} \frac{1}{1 - \frac{1}{N\mathfrak{p}^s}}$$

(da alle Faktoren dieses Produktes > 1 sind). Also sind für $s > 1$ bei einer bestimmten Anordnung alle Partialsummen der Reihe (83), welche positive Glieder hat, beschränkt. (83) konvergiert daher für $s > 1$, also auch für $\sigma > 1$ absolut wegen

$$\left| \frac{1}{N\mathfrak{a}^s} \right| = \frac{1}{N\mathfrak{a}^\sigma}.$$

3. Für $\sigma > 1$ folgt aus (85)

$$\left| \prod_{N\mathfrak{p} \leqq x} \frac{1}{1 - \frac{1}{N\mathfrak{p}^s}} - \sum_{N\mathfrak{a} \leqq x} \frac{1}{N\mathfrak{a}^s} \right| = \left| \sum_{N\mathfrak{a} > x}' \frac{1}{N\mathfrak{a}^s} \right| \leqq \sum_{N\mathfrak{a} > x} \frac{1}{N\mathfrak{a}^\sigma},$$

wo die rechte Seite als Rest einer konvergenten Reihe für $x \to \infty$ gegen 0 strebt. Damit ist (84) bewiesen.

Satz 142: *Es bezeichne $F(m)$ die Anzahl der Ideale des Körpers mit der Norm m, ferner $F(m; \mathfrak{K})$ für jede Idealklasse $\mathfrak{K}$ die Anzahl der Ideale der Klasse $\mathfrak{K}$ mit der Norm m, so daß also*

$$F(m) = \sum_{\mathfrak{K}} F(m; \mathfrak{K})$$

ist. Dann sind die nach Satz 141 in der Halbebene $\sigma > 1$ absolut konvergenten Reihen

$$\sum_{m=1}^{\infty} \frac{F(m)}{m^s} = \sum_{\mathfrak{a}} \frac{1}{N\mathfrak{a}^s} = \zeta(s)$$

und

$$\sum_{m=1}^{\infty} \frac{F(m; \mathfrak{K})}{m^s} = \sum_{\mathfrak{a} \text{ in } \mathfrak{K}} \frac{1}{N\mathfrak{a}^s} = \zeta(s; \mathfrak{K})$$

für $\sigma > 1 + \delta$, $\delta > 0$, gleichmäßig konvergent, definieren also für $\sigma > 1$ reguläre analytische Funktionen.

Beweis:

$$\left.\begin{vmatrix} \dfrac{F(m)}{m^s} \\ \dfrac{F(m;\mathfrak{K})}{m^s} \end{vmatrix}\right\} \leqq \frac{F(m)}{m^{1+\delta}}.$$

Satz 143: *Für $\sigma > 1$ ist, wenn $\mathfrak{a}$ irgend ein Ideal der zu $\mathfrak{K}$ inversen Klasse $\mathfrak{K}^{-1}$ (siehe Definition 37) ist,*

$$N\mathfrak{a}^{-s}\zeta(s;\mathfrak{K}) = \sum_{\xi}{}' \frac{1}{|N\xi|^s},$$

wo ξ von jeder Schar assoziierter Zahlen $\neq 0$ des Ideals $\mathfrak{a}$ eine durchläuft.

Beweis: Es ist für $\sigma > 1$

$$\zeta(s;\mathfrak{K}) = \sum_{\mathfrak{b} \text{ in } \mathfrak{K}} \frac{1}{N\mathfrak{b}^s}.$$

Ist $\mathfrak{b}$ ein Ideal in $\mathfrak{K}$, so ist $\mathfrak{a}\mathfrak{b}$ ein durch $\mathfrak{a}$ teilbares Hauptideal $[\xi]$, und jedes durch $\mathfrak{a}$ teilbare Hauptideal $[\xi]$ ist so beschaffen, daß in $[\xi] = \mathfrak{a}\mathfrak{b}$ der Faktor $\mathfrak{b}$ zur Klasse $\mathfrak{K}$ gehört. Wegen

$$N\xi| = N[\xi] = N\mathfrak{a}\, N\mathfrak{b}$$

ist also

$$\zeta(s;\mathfrak{K}) = \sum_{\xi}{}' \left(\frac{N\mathfrak{a}}{|N\xi|}\right)^s = N\mathfrak{a}^s \sum_{\xi}{}' \frac{1}{|N\xi|^s}.$$

§ 11. Hilfssätze über Thetafunktionen.

Definition 40: *Es sei (α_{kl}) für $1 \leqq k \leqq n$, $1 \leqq l \leqq n$ eine reelle symmetrische Matrix ($\alpha_{kl} = \alpha_{lk}$). Die zugehörige quadratische Form*

$$Q(x_1, \cdots, x_n) = \sum_{k,l=1}^{n} \alpha_{kl}x_kx_l = \alpha_{11}x_1^2 + 2\alpha_{12}x_1x_2 + \cdots + 2\alpha_{1n}x_1x_n$$
$$+ \alpha_{22}x_2^2 + \cdots + \alpha_{nn}x_n^2,$$

kurz $Q(x_k)$, mit den n reellen Variabeln $x_1, \cdots, x_n$ heißt definit-positiv, kurz definit, wenn stets $Q \geqq 0$ und abgesehen von $x_1 = x_2 = \cdots = x_n = 0$ überall $Q > 0$ ist. Die Determinante

$$|\alpha_{kl}| = D$$

heißt die Determinante der Form Q.

Satz 144: 1. *Eine definite Form $Q(x_1, \cdots, x_n)$ hat für $n > 1$ die Gestalt*

$$(86)\quad Q(x_1, \cdots, x_n) = \frac{1}{\alpha_{11}}(\alpha_{11}x_1 + \alpha_{12}x_2 + \cdots + \alpha_{1n}x_n)^2 + R(x_2, \ldots, x_n),$$

wo R eine definite Form der $n-1$ Variabeln $x_2, \cdots, x_n$ ist.

2. *Ist D_1 die Determinante von R, so ist*

(87) $$D = \alpha_{11} D_1.$$

3. *Für alle $n \geqq 1$ ist $D > 0$.*

Beweis: Weil Q definit ist, ist $\alpha_{11} > 0$; denn wäre $\alpha_{11} \leqq 0$, so wäre $Q \leqq 0$ für das Wertsystem $x_1 = 1, x_2 = \cdots = x_n = 0$. Im Falle $n = 1$ ist damit wegen $D = \alpha_{11}$ die (einzige) Behauptung $D > 0$ bewiesen. Es sei also jetzt $n > 1$.

1. Der Ausdruck

$$Q(x_1, \cdots, x_n) - \frac{1}{\alpha_{11}}\left(\alpha_{11}x_1 + \alpha_{12}x_2 + \cdots + \alpha_{1n}x_n\right)^2$$

ist, wie die Betrachtung der Glieder mit $x_1^2, x_1x_2, \cdots, x_1x_n$ zeigt, von x_1 frei, also von der Gestalt

$$R(x_2, \cdots, x_n) = \sum_{k,l=2}^{n} \beta_{kl}x_kx_l, \qquad \beta_{kl} = \beta_{lk},$$

wo übrigens

(88) $$\beta_{kl} = \alpha_{kl} - \frac{\alpha_{1k}\alpha_{1l}}{\alpha_{11}}$$

ist. Wäre die quadratische Form R von $x_2, \cdots, x_n$ nicht definit, so gäbe es ein Wertsystem nicht sämtlich verschwindender $x_2, \cdots, x_n$, so daß $R \leqq 0$ wäre. Würde hierzu x_1 aus

$$\alpha_{11}x_1 + \alpha_{12}x_2 + \cdots + \alpha_{1n}x_n = 0$$

bestimmt, so wäre $Q \leqq 0$ in dem betreffenden Punkte $x_1, x_2, \cdots, x_n$, gegen die Annahme.

2. Wenn allgemein eine quadratische Form

$$T(y_1, \cdots, y_n) = \sum_{k,l=1}^{n} \gamma_{kl}y_ky_l \qquad (\gamma_{kl} = \gamma_{lk})$$

durch die lineare Substitution

$$y_k = \sum_{l=1}^{n} \mu_{kl}x_l \qquad (1 \leqq k \leqq n)$$

in

$$U(x_1, \cdots, x_n) = \sum_{k,l} \eta_{kl}x_kx_l \qquad (\eta_{kl} = \eta_{lk})$$

übergeht, so gilt für die Matrizen (k Zeile, l Spalte)

(89) $$(\eta_{kl}) = (\mu_{lk})(\gamma_{kl})(\mu_{kl}),$$

wie aus

$$T(y_1, \cdots, y_n) = \sum_{q,r} \gamma_{qr}y_qy_r = \sum_{q,r} \gamma_{qr} \sum_{k} \mu_{qk}x_k \sum_{l} \mu_{rl}\, x_l = \sum_{k,l} x_kx_l \sum_{q,r} \mu_{qk}\gamma_{qr}\mu_{rl}$$

(wo $\sum_{q,r} \mu_{qk}\gamma_{qr}\mu_{rl} = \sum_{q,r} \mu_{qk}\gamma_{rq}\mu_{rl} = \sum_{q,r} \mu_{rk}\gamma_{qr}\mu_{ql} = \sum_{q,r} \mu_{ql}\gamma_{qr}\mu_{rk}$ ist) folgt.

Da nun hier die Form

$$T(y_1, \cdots, y_n) = \frac{1}{\alpha_{11}} y_1^2 + R(y_2, \cdots, y_n)$$

die Determinante

$$\begin{vmatrix} \frac{1}{\alpha_{11}} & 0 & \cdots & 0 \\ 0 & \beta_{22} & \cdots & \beta_{2n} \\ \cdot & \cdot & \cdot & \cdot \\ 0 & \beta_{n2} & \cdots & \beta_{nn} \end{vmatrix} = \frac{1}{\alpha_{11}} D_1$$

hat und durch die Substitution

$$y_1 = \alpha_{11} x_1 + \alpha_{12} x_2 + \cdots + \alpha_{1n} x_n, \; y_2 = x_2, \; \cdots, \; y_n = x_n$$

in $Q(x_1, \cdots, x_n)$ übergeht, ist nach (89), wenn gleich die Determinanten der Matrizen genommen werden,

$$D = \alpha_{11} \frac{1}{\alpha_{11}} D_1 \alpha_{11} = \alpha_{11} D_1.$$

3. Ist die Behauptung $D > 0$ für $n-1$ schon bewiesen, so ist $D_1 > 0$, also nach (87)

$$D > 0.$$

Satz 145: *Wenn $Q(x_1, \cdots, x_n)$ definit ist und (A_{kl}) die zu (α_{kl}) inverse, eo ipso auch symmetrische Matrix bezeichnet, ist die Form der Determinante $D' = \frac{1}{D}$*

$$Q'(x_1, \cdots, x_n) = \sum_{k,l} A_{kl} x_k x_l$$

auch definit, und $Q'(y_1, \cdots, y_n)$ geht durch die Substitution

$$y_k = \sum_l \alpha_{kl} x_l \tag{90}$$

in $Q(x_1, \cdots, x_n)$ über.

Beweis: Die zweite Behauptung folgt wegen

$$(\alpha_{lk})(A_{kl})(\alpha_{kl}) = (\alpha_{lk}) = (\alpha_{kl})$$

aus (89). Daher ist abgesehen von $y_1 = \cdots = y_n = 0$ stets $Q'(y_1, \cdots, y_n) > 0$, da sich sonst aus (90) ein vom Nullpunkt verschiedener Punkt (x_l) mit $Q(x_1, \cdots, x_n) \leq 0$ ergeben würde; also ist $Q'(x_1, \cdots, x_n)$ definit.

Definition 41: *Die Form Q' des Satzes 145 heißt zu Q invers.*

Satz 146: *Zu Q' ist Q invers.*

$$(Q')' = Q.$$

Beweis: Zur Matrix (A_{kl}) ist (α_{kl}) invers.

Satz 147: *Wenn $R(x_2, \cdots, x_n)$ für $n > 1$ dieselbe Bedeutung wie im Satz 144 hat, und $R'(x_2, \cdots, x_n)$ hierzu invers ist, ist*

$$(91)\quad Q'(x_1, \cdots, x_n) = \frac{1}{\alpha_{11}} x_1^2 + R'\left(x_2 - \frac{\alpha_{12}}{\alpha_{11}} x_1, \cdots, x_n - \frac{\alpha_{1n}}{\alpha_{11}} x_1\right).$$

Beweis: Führt man in

$$\frac{1}{\alpha_{11}} y_1^2 + R'\left(y_2 - \frac{\alpha_{12}}{\alpha_{11}} y_1, \cdots, y_n - \frac{\alpha_{1n}}{\alpha_{11}} y_1\right)$$

mittels (90) die x_l ein, so geht diese Form wegen

$$y_k - \frac{\alpha_{1k}}{\alpha_{11}} y_1 = \sum_{l=1}^{n} \left(\alpha_{kl} - \frac{\alpha_{1k}}{\alpha_{11}} \alpha_{1l}\right) x_l = \sum_{l=2}^{n} \left(\alpha_{kl} - \frac{\alpha_{1k}}{\alpha_{11}} \alpha_{1l}\right) x_l = \sum_{l=2}^{n} \beta_{kl} x_l \quad (2 \leqq k \leqq n)$$

(siehe (88)) über in

$$\frac{1}{\alpha_{11}} (\alpha_{11} x_1 + \cdots + \alpha_{1n} x_n)^2 + R'\left(\sum_{l=2}^{n} \beta_{2l} x_l, \cdots, \sum_{l=2}^{n} \beta_{nl} x_l\right),$$

was nach Satz 145

$$= \frac{1}{\alpha_{11}} (\alpha_{11} x_1 + \cdots + \alpha_{1n} x_n)^2 + R(x_2, \cdots, x_n) = Q(x_1, \cdots, x_n)$$

ist; nach Satz 145 ist also die rechte Seite von (91) die inverse Form zu $Q(x_1, \cdots, x_n)$.

Satz 148: *Ist Q definit, so gibt es eine nur von den α_{kl} abhängige positive Größe η, so daß stets*

$$Q(x_1, \cdots, x_n) \geqq \eta (x_1^2 + \cdots + x_n^2)$$

ist.

Beweis: Wird dieser (für $n = 1$ triviale) Satz im Falle $n > 1$ für $n - 1$ als bewiesen angenommen, so ist nach (86)

$$Q(x_1, \cdots, x_n) \geqq R(x_2, \cdots, x_n) \geqq \eta_1 (x_2^2 + \cdots + x_n^2) \geqq \eta_1 x_n^2,$$

wo das positive η_1 nur von den α_{kl} abhängt. Da die Variable x_n keinen Vorrang vor den anderen hat, gibt es ein nur von den α_{kl} abhängiges $\eta_2 > 0$, so daß für $1 \leqq k \leqq n$

$$Q(x_1, \cdots, x_n) \geqq \eta_2 x_k^2$$

ist, also

$$Q(x_1, \cdots, x_n) \geqq \frac{1}{n} (\eta_2 x_1^2 + \cdots + \eta_2 x_n^2) = \frac{\eta_2}{n} (x_1^2 + \cdots + x_n^2) = \eta (x_1^2 + \cdots + x_n^2).$$

Satz 149: *Es sei $Q(x_1, \cdots, x_n)$ definit; es seien $\gamma_1, \cdots, \gamma_n, \delta_1, \cdots, \delta_n$ beliebige komplexe Konstanten. Dann ist die über alle Gitterpunkte des n dimensionalen Raumes erstreckte Reihe*

$$\sum_{x_1, \cdots, x_n = -\infty}^{\infty} e^{-\pi Q(x_1 + \gamma_1, \cdots, x_n + \gamma_n) + 2\pi i (\delta_1 x_1 + \cdots + \delta_n x_n)} = \vartheta(\gamma, \delta; Q)$$

absolut konvergent.

Beweis: Es ist[1]) $|e^z| = e^{\Re z}$; der Exponent des allgemeinen Gliedes der Reihe hat die Gestalt $-\pi Q(x_1, \cdots, x_n) + \varepsilon_1 x_1 + \cdots + \varepsilon_n x_n + \varepsilon$, wo $\varepsilon_1, \cdots, \varepsilon_n$, ε nur von den α, γ, δ, nicht von den x abhängen; sein reeller Teil $-\pi Q(x_1, \cdots, x_n) + \Re \varepsilon_1 \cdot x_1 + \cdots + \Re \varepsilon_n \cdot x_n + \Re \varepsilon$ ist nach Satz 148

$$\leqq -\pi \eta (x_1^2 + \cdots + x_n^2) + \Re \varepsilon_1 \cdot x_1 + \cdots + \Re \varepsilon_n \cdot x_n + \Re \varepsilon,$$

und die Reihe

$$\sum_{x=-\infty}^{\infty} e^{-\pi \eta x^2 + \varrho x}$$

(ϱ reell) konvergiert, da für alle hinreichend großen $|x|$

$$-\pi \eta x^2 + \varrho x < -|x|$$

ist und die geometrische Reihe $\sum_{x=0}^{\infty} e^{-x}$ konvergiert.

Satz 150: *Es ist*

$$\vartheta(0, \delta; Q) = \frac{1}{\sqrt{D}} \vartheta(\delta, 0; Q'), \tag{92}$$

wo D die Determinante von Q, Q' die inverse Form ist.

Vorbemerkung: Ich brauche diesen Satz nur für $\delta_1 = \cdots = \delta_n = 0$; für den Induktionsbeweis ist aber die Einführung der δ nützlich.

Beweis: 1. Es sei $n = 1$. Ich beginne damit, die Formel

$$\sum_{m=-\infty}^{\infty} e^{-m^2 \pi y - 2 m \pi \alpha y} = \frac{1}{\sqrt{y}} \sum_{m=-\infty}^{\infty} e^{\pi y \left(\alpha - \frac{m i}{y}\right)^2} \tag{93}$$

für $y > 0$ und komplexes α zu beweisen. Für reelles z ist offenbar

$$g(z) = \sum_{m=-\infty}^{\infty} e^{-(m+\alpha+z)^2 \pi y}$$

absolut konvergent und hat die Periode 1. Ferner ist für $0 \leqq z \leqq 1$ die Reihe (bei festen α, y) gleichmäßig konvergent und $g'(z)$ vorhanden und stetig. Denn für $0 \leqq z \leqq 1$ ist offenbar, falls $|m| \geqq M(\alpha, y)$,

$$|e^{-(m+\alpha+z)^2 \pi y}| < e^{-|m|}$$

und

$$|-2(m + \alpha + z)\pi y e^{-(m+\alpha+z)^2 \pi y}| < 3 m \pi y e^{-|m|};$$

daher sind die Reihe für $g(z)$ und die durch gliedweises Differentiieren entstehende Reihe

---

1) Es bedeutet $\Re z$ den reellen Teil u der komplexen Zahl $z = u + vi$.

$$\sum_{m=-\infty}^{\infty}(-2)(m+\alpha+z)\pi y e^{-(m+\alpha+z)^2\pi y}$$

für $0 \leqq z \leqq 1$ gleichmäßig konvergent.

Nach einem klassischen Satz über Fourierreihen ist also

$$g(0) = \lim_{q=\infty}\sum_{\nu=-q}^{q}\int_0^1 g(z)e^{2\pi\nu z i}dz \tag{94}$$

und hierin

$$\int_0^1 g(z)e^{2\pi\nu z i}dz = e^{-2\pi\nu\alpha i}\sum_{m=-\infty}^{\infty}\int_0^1 e^{-(m+\alpha+z)^2\pi y+2\pi\nu(m+\alpha+z)i}dz$$

$$= e^{-2\pi\nu\alpha i}\sum_{m=-\infty}^{\infty}\int_{m+\alpha}^{m+\alpha+1} e^{-u^2\pi y+2\pi\nu u i}du$$

$$= e^{-2\pi\nu\alpha i}\int_{-\infty}^{\infty} e^{-u^2\pi y+2\pi\nu u i}du$$

$$= e^{-2\pi\nu\alpha i-\frac{\pi\nu^2}{y}}\int_{-\infty}^{\infty} e^{-\pi y\left(u-\frac{\nu}{y}i\right)^2}du.$$

Für $\nu \gtrless 0$ ist nun nach dem Cauchyschen Satz, wenn er auf

$$\int e^{-\pi y s^2}ds$$

und das Rechteck mit den Ecken $\pm\omega$, $\pm\omega-\frac{\nu}{y}i\,(\omega>0)$ mit folgendem Grenzübergang $\omega\to\infty$ angewendet wird,

$$\int_{-\infty}^{\infty} e^{-\pi y\left(u-\frac{\nu}{y}i\right)^2}du = \int_{-\infty}^{\infty} e^{-\pi y u^2}du = \frac{1}{\sqrt{y}}\cdot$$

Aus (94) folgt nunmehr

$$g(0) = \frac{1}{\sqrt{y}}\sum_{\nu=-\infty}^{\infty} e^{-2\pi\nu\alpha i-\frac{\pi\nu^2}{y}},$$

$$\sum_{m=-\infty}^{\infty} e^{-m^2\pi y-2m\pi\alpha y} = e^{\alpha^2\pi y}g(0) = \frac{1}{\sqrt{y}}\sum_{\nu=-\infty}^{\infty} e^{\pi y\left(\alpha-\frac{\nu i}{y}\right)^2},$$

womit (93) bewiesen ist.

In (93) setze ich $y = \alpha_{11}$, $\alpha = -\frac{i}{\alpha_{11}}\delta_1$, $m = x_1$. Dann erhalte ich

$$\sum_{x_1=-\infty}^{\infty} e^{-\pi\alpha_{11}x_1^2 + 2\pi i\delta_1 x_1} = \frac{1}{\sqrt{\alpha_{11}}} \sum_{x_1=-\infty}^{\infty} e^{\pi\alpha_{11}\left(-\frac{i}{\alpha_{11}}\delta_1 - \frac{x_1 i}{\alpha_{11}}\right)^2}$$

$$(95) \qquad = \frac{1}{\sqrt{\alpha_{11}}} \sum_{x_1=-\infty}^{\infty} e^{-\frac{\pi}{\alpha_{11}}(x_1+\delta_1)^2},$$

d. h. wegen $Q'(x_1) = \frac{1}{\alpha_{11}} x_1^2$ die Behauptung (92).

2. Es sei $n > 1$. Für $n - 1$ nehme ich den Satz als bewiesen an. Ich summiere zunächst nach x_1, beachte, daß nach (86)

$$Q(0, x_2, \cdots, x_n) = \frac{1}{\alpha_{11}}(\alpha_{12}x_2 + \cdots + \alpha_{1n}x_n)^2 + R(x_2, \cdots, x_n)$$

ist, setze kurz

$$\alpha_{12}x_2 + \cdots + \alpha_{1n}x_n = L$$

und erhalte

$$\vartheta(0, \delta;\, Q) = \sum_{x_1, \cdots, x_n=-\infty}^{\infty} e^{-\pi Q(x_1, \cdots, x_n) + 2\pi i(\delta_1 x_1 + \cdots + \delta_n x_n)}$$

$$(96) \qquad = \sum_{x_2, \cdots, x_n=-\infty}^{\infty} e^{-\frac{\pi}{\alpha_{11}}L^2 - \pi R(x_2, \cdots, x_n) + 2\pi i(\delta_2 x_2 + \cdots + \delta_n x_n)} \sum_{x_1=-\infty}^{\infty} e^{-\pi\alpha_{11}x_1^2 - 2\pi L x_1 + 2\pi i\delta_1 x_1}$$

Die innere Summe (wo $x_2, \cdots, x_n$ als Parameter gelten) ist eine Thetareihe $\vartheta(0, \delta_1 + Li;\, U)$, bezogen auf die Form $U = \alpha_{11}x_1^2$, also nach (95)

$$= \frac{1}{\sqrt{\alpha_{11}}} \sum_{x_1=-\infty}^{\infty} e^{-\frac{\pi}{\alpha_{11}}(x_1 + \delta_1 + Li)^2}$$

Setzt man dies in (96) ein, so ist die entstehende $n$fach unendliche Reihe absolut konvergent, da der reelle Teil der quadratischen Glieder im Exponenten

$$-\frac{\pi}{\alpha_{11}}L^2 - \pi R(x_2, \cdots, x_n) - \frac{\pi}{\alpha_{11}}x_1^2 + \frac{\pi}{\alpha_{11}}L^2 = -\pi\left(\frac{1}{\alpha_{11}}x_1^2 + R(x_2, \cdots, x_n)\right)$$

gleich -1 mal einer definiten Form der n Variabeln ist. Ich darf also erst nach $x_2, \cdots, x_n$, dann nach x_1 summieren und erhalte

$$\vartheta(0, \delta;\, Q) = \frac{1}{\sqrt{\alpha_{11}}} \sum_{x_1=-\infty}^{\infty} e^{-\frac{\pi}{\alpha_{11}}(x_1+\delta_1)^2} \sum_{x_2, \cdots, x_n=-\infty}^{\infty} e^{-\pi R(x_2, \cdots, x_n) + 2\pi i(\delta_2 x_2 + \cdots + \delta_n x_n) - \frac{2\pi i}{\alpha_{11}}(x_1+\delta_1)L}$$

Bei festem x_1 ist jetzt die innere $(n-1)$fache Summe eine ϑ-Reihe, bezogen auf die quadratische Form R, nämlich

$$\vartheta\left(0, \delta_k - \frac{x_1 + \delta_1}{\alpha_{11}}\alpha_{1k};\, R\right) \qquad (k = 2, \cdots, n);$$

nach dem als bewiesen Angenommenen und weil R nach (87) die Determinante $\frac{D}{\alpha_{11}}$ hat, ist die innere Summe

$$= \frac{\sqrt{\alpha_{11}}}{\sqrt{D}} \sum_{x_2, \cdots, x_n = -\infty}^{\infty} e^{-\pi R'\left(x_k + \delta_k - \frac{x_1+\delta_1}{\alpha_{11}} \alpha_{1k}\right)}:$$

Um die Behauptung (92) zu beweisen, genügt es also, identisch in $x_1, \cdots, x_n$

$$-\frac{\pi}{\alpha_{11}}(x_1+\delta_1)^2 - \pi R'\left(x_k + \delta_k - \frac{x_1+\delta_1}{\alpha_{11}}\alpha_{1k}\right) = -\pi Q'(x_k+\delta_k),$$

d. h. identisch in $x_1, \cdots, x_n$

(97) $$\frac{1}{\alpha_{11}} x_1^2 + R'\left(x_k - \frac{x_1}{\alpha_{11}}\alpha_{1k}\right) = Q'(x_k)$$

zu verifizieren (wo x_k links die Gesamtheit der Variabeln $x_2, \cdots, x_n$, rechts $x_1, \cdots, x_n$ bezeichnet). Und (97) ist nach Satz 147 wahr.

§ 12. Die Heckesche Thetaformel.

Definition 42: *In unserem Körper sei $\alpha_1, \cdots, \alpha_n$ ein System von n linear unabhängigen Zahlen. Es werde*

$$c = \frac{1}{\sqrt[n]{|\Delta(\alpha_1, \cdots, \alpha_n)|}}$$

gesetzt. Es seien (bei der aus § 9 geläufigen Bedeutung des r und jener Anordnung der konjugierten ϑ_k) $\tau_1, \cdots, \tau_{r+1}$ unabhängige positive Parameter und (im Falle $r+1<n$) jede der Variabeln $\tau_{r+2}, \cdots, \tau_n$ gleich dem betreffenden τ_k des „konjugiert komplexen" ϑ_k. Es werde

$$\sum_{x_1, \cdots, x_n = -\infty}^{\infty} e^{-\pi c \sum_{k=1}^{n} \tau_k \left|\alpha_1^{(k)} x_1 + \cdots + \alpha_n^{(k)} x_n\right|^2} = \Theta(\tau; \alpha)$$

gesetzt; dies ist offenbar eine Thetareihe $\vartheta(0, 0; Q)$, bezogen auf die quadratische Form ($\bar{\eta}$ bedeute die zu η „konjugiert komplexe" Zahl)

$$\sum_{k=1}^{n} c\tau_k(\alpha_1^{(k)} x_1 + \cdots + \alpha_n^{(k)} x_n)\left(\overline{\alpha_1^{(k)}} x_1 + \cdots + \overline{\alpha_n^{(k)}} x_n\right) = Q(x_1, \cdots, x_n),$$

welche definit ist, da $Q \geqq 0$ ist und aus $Q = 0$ folgt:

$$\alpha_1^{(k)} x_1 + \cdots + \alpha_n^{(k)} x_n = 0 \qquad (1 \leqq k \leqq n),$$

$$x_1 = \cdots = x_n = 0.$$

Satz 151: *Ist* $q \gtrless 0$ *rational, so ist*

$$\Theta(\tau;\, q\alpha) = \Theta(\tau;\, \alpha).$$

Beweis: Dem c entspricht beim System $q\alpha_1, \cdots, q\alpha_n$

$$\frac{1}{\sqrt[n]{|\Delta(q\alpha_1, \cdots, q\alpha_n)|}} = \frac{1}{\sqrt[n]{q^{2n}|\Delta(\alpha_1, \cdots, \alpha_n)|}} = \frac{c}{q^2},$$

und es ist

$$\frac{c}{q^2}\,|(q\alpha_1)^{(k)}x_1 + \cdots + (q\alpha_n)^{(k)}x_n|^2 = \frac{c}{q^2}\,|q\alpha_1^{(k)}x_1 + \cdots + q\alpha_n^{(k)}x_n|^2$$
$$= c\,|\alpha_1^{(k)}x_1 + \cdots + \alpha_n^{(k)}x_n|^2.$$

Satz 152: *Ist* $\mathfrak{a}$ *ein Ideal,* $\alpha_1, \cdots, \alpha_n$ *eine Basis von* $\mathfrak{a}$, *so ist* $\Theta(\tau;\, \alpha)$ *von der Basis des Ideals unabhängig.*

Beweis: Es ist hier

$$\Theta(\tau;\, \alpha) = \sum_{\xi} e^{-\pi c \sum\limits_{k=1}^{n} \tau_k\, |\xi^{(k)}|^2},$$

wo über alle Zahlen ξ des Ideals $\mathfrak{a}$ summiert wird, und c ist nach Satz 101 von der Wahl der Basis unabhängig.

Satz 153: *Ist* $\alpha_1, \cdots, \alpha_n$ *ein beliebiges System von* n *linear unabhängigen Zahlen des Körpers und* $A_1, \cdots, A_n$ *das hierzu komplementäre System, ist also das bei der Definition von* $\Theta(\tau;\, A)$ *vorkommende*

$$c' = \frac{1}{\sqrt[n]{|\Delta(A_1, \cdots, A_n)|}} = \sqrt[n]{|\Delta(\alpha_1, \cdots, \alpha_n)|} = \frac{1}{c}$$

nach (55), *so ist*

(98) $$\Theta(\tau;\, \alpha) = \frac{1}{\sqrt{\tau_1 \tau_2 \cdots \tau_n}}\, \Theta\left(\frac{1}{\tau};\, A\right).$$

Beweis: Nach (92) ist

(99) $$\Theta(\tau;\, \alpha) = \vartheta(0, 0;\, Q) = \frac{1}{\sqrt{D}}\, \vartheta(0, 0;\, Q'),$$

und ich werde D und Q' ausrechnen. Es ist

$$Q = \sum_k c\tau_k \sum_l \alpha_l^{(k)} x_l \sum_m \overline{\alpha_m^{(k)}}\, x_m = \sum_{l,m} \alpha_{lm} x_l x_m,$$

wo

(100) $$\alpha_{lm} = \sum_k c\tau_k\, \alpha_l^{(k)}\, \overline{\alpha_m^{(k)}}$$

ist. (Dies stimmt auch in Hinsicht auf die Wertepaare $l \gtrless m$; dazu ist zu verifizieren, daß die rechte Seite von (100) sich bei der Vertauschung von l mit m nicht ändert; dies folgt daraus, daß für zwei „konjugiert-komplexen" ϑ_{k_1}, ϑ_{k_2} entsprechende Indizes einerseits $\tau_{k_1} = \tau_{k_2}$, andererseits

$$\alpha_l^{(k_1)}\, \overline{\alpha_m^{(k_1)}} = \overline{\alpha_l^{(k_2)}}\, \alpha_m^{(k_2)} = \alpha_m^{(k_2)}\, \overline{\alpha_l^{(k_2)}}$$

ist.)

Nach (100) ist

(101) $$(\alpha_{lm}) = (\sum_{j,k} \alpha_l^{(j)} e_{jk} c\tau_j \overline{\alpha_m^{(k)}}) = (\alpha_l^{(m)})\,(e_{lm} c\tau_l)\,(\overline{\alpha_m^{(l)}}),$$

also

$$(A_{lm}) = (\alpha_{lm})^{-1} = (\overline{\alpha_m^{(l)}})^{-1} (e_{lm} c\tau_l)^{-1} (\alpha_l^{(m)})^{-1} = (\overline{A_l^{(m)}}) \left(e_{lm} \frac{1}{c\tau_l}\right) (A_m^{(l)})$$

$$= \left(\sum_{j,k} \overline{A_l^{(j)}} e_{jk} \frac{1}{c\tau_j} A_m^{(k)}\right) = \left(\sum_k \overline{A_l^{(k)}} \frac{1}{c\tau_k} A_m^{(k)}\right) = \left(\sum_k \frac{1}{c\tau_k} A_m^{(k)} \overline{A_l^{(k)}}\right),$$

$$A_{lm} = A_{ml} = \sum_k c' \frac{1}{\tau_k} A_l^{(k)} \overline{A_m^{(k)}},$$

also nach (100)

(102) $$Q' = \sum_k c' \frac{1}{\tau_k} \left| \sum_l A_l^{(k)} x_l \right|^2.$$

Ferner ist wegen (101)

$$D = |\alpha_{lm}| = |\alpha_l^{(m)}| \cdot |e_{lm} c\tau_l| \cdot |\overline{\alpha_m^{(l)}}| = |\alpha_l^{(m)}| \cdot c^n \tau_1 \cdots \tau_n \cdot |\overline{\alpha_l^{(m)}}|$$

(103) $$= c^n \tau_1 \cdots \tau_n \,\big|\,|\alpha_l^{(m)}|\,\big|^2 = \frac{1}{|\Delta(\alpha_1, \cdots, \alpha_n)|} \tau_1 \cdots \tau_n |\Delta(\alpha_1, \cdots, \alpha_n)| = \tau_1 \cdots \tau_n.$$

Aus (99), (102), (103) folgt die Behauptung (98).

§ 13. Die Heckesche Funktionalgleichung für $\zeta(s;\,\mathfrak{K})$ und $\zeta(s)$.

Satz 154: 1. *Für jede Idealklasse $\mathfrak{K}$ ist $\zeta(s;\,\mathfrak{K})$ in der ganzen Ebene regulär bis auf den Pol erster Ordnung $s = 1$.*

2. *Das Residuum λ in diesem Pol ist von der Klasse $\mathfrak{K}$ unabhängig; es ist nämlich*

$$\lambda = \frac{2^n \pi^{r_2} M}{w\, d_{r+1} \sqrt{|\Delta|}},$$

wo w die Bedeutung aus Satz 137 hat, M für $r > 0$ die aus Satz 139 hat und $M = 1$ für $r = 0$ ist.

3. *Wird die nur vom Körper abhängige positive Zahl*

$$2^{-r_2} \pi^{-\frac{n}{2}} \sqrt{|\Delta|} = A,$$

(104) $$A^s \left(\Gamma\left(\frac{s}{2}\right)\right)^{r_1} (\Gamma(s))^{r_2}\, \zeta(s;\,\mathfrak{K}) = \Phi(s;\,\mathfrak{K})$$

gesetzt, so ist $\Phi(s;\,\mathfrak{K})$ bis auf Pole erster Ordnung in $s = 0$ und $s = 1$ überall regulär und

(105) $$\Phi(s;\,\mathfrak{K}) = \Phi(1 - s;\,\widehat{\mathfrak{K}}),$$

wo $\widehat{\mathfrak{K}} = ((\mathfrak{K}^{-1})')^{-1}$ ist; also hat, weil $\Phi(s;\,\widehat{\mathfrak{K}})$ nach der Definition (104) für $s > 1$ positiv ist, mit Rücksicht auf die Pole erster Ordnung $0, -1, -2, \cdots$

von $\Gamma(s)$ und $0, -2, -4, \cdots$ von $\Gamma\left(\frac{s}{2}\right)$ die Funktion $\zeta(s; \mathfrak{K})$ im Punkte 0 eine Nullstelle $r_1 + r_2 - 1 = r$ter Ordnung (d. h. im Falle $r = 0$ keine Nullstelle); in den Punkten $-2, -4, -6, \cdots$ je eine Nullstelle der Ordnung $r_1 + r_2 = r + 1$; in den Punkten $-1, -3, -5, \cdots$ je eine Nullstelle $r_2$ter Ordnung (d. h. im Falle $r_2 = 0$ keine); sonst für $s < 0$ keine Nullstelle.

4. *In jedem festen Streifen $\sigma_1 \leqq \sigma \leqq \sigma_2$ ist für $t \geqq 1$ die Funktion $|\Phi(s; \mathfrak{K})|$ beschränkt.*

Beweis: Für $s > 0$ ist

$$\Gamma(s) = \int_0^\infty e^{-v} v^{s-1} dv,$$

also für $s > 0$, $q > 0$

$$\Gamma(s) = \int_0^\infty e^{-qy} (qy)^{s-1} q\,dy,$$

$$\frac{\Gamma(s)}{q^s} = \int_0^\infty e^{-qy} y^{s-1} dy = \int_{-\infty}^\infty e^{-qe^z} e^{sz} dz. \tag{106}$$

Es werde, wenn $\alpha_1, \cdots, \alpha_n$ eine Basis eines Ideals $\mathfrak{a}$ der Klasse $\mathfrak{K}^{-1}$ ist,

$$c = \frac{1}{\sqrt[n]{|\varDelta(\alpha_1, \cdots, \alpha_n)|}} = \frac{1}{\sqrt[n]{N\mathfrak{a}^2 |\varDelta|}} \tag{107}$$

gesetzt. Dann folgt aus (106), $q = 2\pi c g^2$ gesetzt, für $s > 0$, $g > 0$

$$\frac{(2\pi c)^{-s}\Gamma(s)}{g^{2s}} = \int_{-\infty}^\infty e^{-2\pi c g^2 e^z} e^{sz} dz. \tag{108}$$

Ferner folgt aus (106), $q = \pi c g^2$ gesetzt und $\frac{s}{2}$ statt s geschrieben, für $s > 0$, $g > 0$

$$\frac{(\pi c)^{-\frac{s}{2}}\Gamma\left(\frac{s}{2}\right)}{g^s} = \int_{-\infty}^\infty e^{-\pi c g^2 e^z} e^{\frac{s}{2}z} dz. \tag{109}$$

Nun ist nach Satz 143 für $s > 1$

$$N\mathfrak{a}^{-s}\zeta(s; \mathfrak{K}) = \sum_\xi{}' \frac{1}{|N\xi|^s}, \tag{110}$$

wo in $\xi = \alpha_1 x_1 + \cdots + \alpha_n x_n$ die x_l $(1 \leqq l \leqq n)$ Gitterpunkte des n dimensionalen Raumes durchlaufen, aber nicht den Nullpunkt, und von jeder Schar solcher, bei denen die ξ assoziiert sind, genau einen. Dabei ist zu beachten, daß für jedes $\xi \neq 0$ des Ideals und jede Einheit H die Zahl $H\xi$ auch dem Ideal angehört, so daß, wenn H alle Einheiten, ξ alle Zahlen von Σ' durchläuft, $H\xi$ alle Zahlen des Ideals $\mathfrak{a}$ außer 0 durchläuft.

Es werde nun für $k = 1, \cdots, r_1$ die Formel (109) mit $g = |\xi^{(k)}|$, für $k = r_1 + 1, \cdots, r + 1$ die Formel (108) mit $g = |\xi^{(k)}|$ angewendet; das gibt für $s > 0$, $1 \leqq k \leqq r + 1$

$$(111)\qquad \frac{(d_k\pi c)^{-\frac{d_k s}{2}}\Gamma\left(\frac{d_k s}{2}\right)}{|\xi^{(k)}|^{d_k s}} = \int_{-\infty}^{\infty} e^{-d_k\pi c|\xi^{(k)}|^2 e^z} e^{\frac{d_k s}{2} z}\, dz.$$

Diese $r+1$ Identitäten (111) multipliziere ich für $s > 0$ und beachte (59); schreibt man $r + 1$ Integrationsvariable $z_1, \cdots, z_{r+1}$, so entsteht, da alle Elemente positiv sind, ein $(r + 1)$faches Integral über den Raum der $z_1, \cdots, z_{r+1}$; es ist nämlich

$$\frac{2^{-r_2 s}(\pi c)^{-\frac{ns}{2}}\left(\Gamma\left(\frac{s}{2}\right)\right)^{r_1}(\Gamma(s))^{r_2}}{|N\xi|^s} = \int_{-\infty}^{\infty}\cdots\int_{-\infty}^{\infty} e^{-\pi c\sum\limits_{k=1}^{r+1} d_k|\xi^{(k)}|^2 e^{z_k}}\, e^{\frac{s}{2}\sum\limits_{k=1}^{r+1} d_k z_k}\, dz_1\cdots dz_{r+1}.$$

Dies summiere ich für $s > 1$ über alle in (110) vorkommenden ξ. Da die Reihe rechts in (110) konvergiert, so konvergiert die entstehende Summe

$$\sum_{\xi}{}'\int_{-\infty}^{\infty}\cdots\int_{-\infty}^{\infty} = \sum_{\xi}{}'\sum_{j_1,\cdots,j_{r+1}=-\infty}^{\infty}\int_{j_1}^{j_1+1}\cdots\int_{j_{r+1}}^{j_{r+1}+1},$$

und dies ist

$$= \sum_{j_1,\cdots,j_{r+1}}\sum_{\xi}{}'\int_{j_1}^{j_1+1}\cdots\int_{j_{r+1}}^{j_{r+1}+1},$$

weil jeder Summand positiv ist. Ich behaupte nun, daß für jedes feste System $j_1, \cdots, j_{r+1}$ die Summation über ξ mit der Integration über den Würfel des z-Raumes vertauscht werden kann; hierzu genügt es, die gleichmäßige Konvergenz von

$$\sum_{\xi}{}' e^{-\pi c\sum\limits_{k=1}^{r+1} d_k|\xi^{(k)}|^2 e^{z_k}}$$

in jenem Würfel festzustellen, und diese folgt daraus, daß für jedes $q > 0$ die Reihe

$$\sum_{\xi}{}' e^{-q\sum\limits_{k=1}^{r+1}|\xi^{(k)}|^2}$$

konvergiert. Der ganze Ausdruck verwandelt sich dadurch in

$$\sum_{j_1,\cdots,j_{r+1}}\int_{j_1}^{j_1+1}\cdots\int_{j_{r+1}}^{j_{r+1}+1}\sum_{\xi}{}',$$

und dies ist gleich dem Integral von $\sum\limits_{\xi}'$ über den z-Raum, da ja $\sum\limits_{\xi}'$ positiv ist. Also ergibt sich

$$(112)\qquad \begin{aligned} &N\mathfrak{a}^{-s}\zeta(s;\mathfrak{K})\,2^{-r_2 s}(\pi c)^{-\frac{ns}{2}}\left(\Gamma\left(\frac{s}{2}\right)\right)^{r_1}(\Gamma(s))^{r_2} \\ &= \int_{-\infty}^{\infty}\cdots\int_{-\infty}^{\infty} e^{\frac{s}{2}\sum\limits_{k=1}^{r+1} d_k z_k} \sum_{\xi}' e^{-\pi c \sum\limits_{k=1}^{r+1} d_k e^{z_k}|\xi^{(k)}|^2}\, dz_1\cdots dz_{r+1}; \end{aligned}$$

und zugleich hat sich der Integrand in (112) als stetige Funktion aller Variabeln z herausgestellt.

Die linke Seite ist nach (104) und (107) gleich $\Phi(s;\mathfrak{K})$; denn es ist

$$N\mathfrak{a}^{-1}2^{-r_2}(\pi c)^{-\frac{n}{2}} = N\mathfrak{a}^{-1}2^{-r_2}\pi^{-\frac{n}{2}}N\mathfrak{a}\,|\Delta|^{\frac{1}{2}} = 2^{-r_2}\pi^{-\frac{n}{2}}|\Delta|^{\frac{1}{2}} = A.$$

Ich verstehe im Falle $r+1<n$ unter $z_{k'}$ mit $r+1<k'\leq n$ den Wert z_k, wo ϑ_k zu $\vartheta_{k'}$ „konjugiert komplex" ist; dann ist Σ' in (112) jedenfalls (mag $r+1<n$ oder $r+1=n$ sein)

$$= \sum_{\xi}' e^{-\pi c \sum\limits_{k=1}^{n} e^{z_k}|\xi^{(k)}|^2};$$

die entsprechende, über alle ξ des Ideals $\mathfrak{a}$ erstreckte Reihe ist genau das $\Theta(e^z;\alpha)$ der Definition 42.

Statt $z_1,\cdots,z_{r+1}$ führe ich nun, wenn $\varepsilon_1,\cdots,\varepsilon_r$ für $r>0$ ein System von Grundeinheiten ist, $r+1$ neue Variable $v, y_1,\cdots,y_r$ durch die lineare Substitution

$$(113)\qquad \begin{cases} z_1 = v + 2\log|\varepsilon_1^{(1)}|\,y_1 + \cdots + 2\log|\varepsilon_r^{(1)}|\,y_r, \\ \cdots\cdots\cdots\cdots\cdots\cdots\cdots \\ z_{r+1} = v + 2\log|\varepsilon_1^{(r+1)}|\,y_1 + \cdots + 2\log|\varepsilon_r^{(r+1)}|\,y_r \end{cases}$$

ein, deren Determinante (die Funktionaldeterminante bei der Integraltransformation) nicht verschwindet, nämlich den Wert hat

$$(114)\qquad \begin{vmatrix} 1 & 2\log|\varepsilon_1^{(1)}| & \cdots & 2\log|\varepsilon_r^{(1)}| \\ \cdot & \cdot & \cdot & \cdot \\ 1 & 2\log|\varepsilon_1^{(r)}| & \cdots & 2\log|\varepsilon_r^{(r)}| \\ 1 & 2\log|\varepsilon_1^{(r+1)}| & \cdots & 2\log|\varepsilon_r^{(r+1)}| \end{vmatrix} = \pm\frac{n2^r}{d_{r+1}}M.$$

In der Tat ist diese Determinante das Produkt der beim Beweise des Satzes 139 vorgekommenen Determinante $(r+1)$ter Ordnung mit $\pm\frac{2^r}{d_1\cdots d_{r+1}}$, also nach der damaligen Rechnung

$$= \pm n d_1\cdots d_r M\frac{2^r}{d_1\cdots d_{r+1}} = \pm\frac{n2^r}{d_{r+1}}M.$$

Für $r = 0$ bedeutet die Transformation (113) einfach $z_1 = v$, und, da M für $r = 0$ den Wert 1 bedeutet, hat die Determinante auch den Wert (114).

Bei Ausführung der Transformation (in beiden Fällen $r > 0$ und $r = 0$) ist noch

$$\sum_{k=1}^{r+1} d_k z_k = nv$$

(infolge von Satz 132) und die Gültigkeit von

$$z_k = v + \sum_{l=1}^{r} 2 \log |\varepsilon_l^{(k)}| y_l$$

für $1 \leqq k \leqq n$ zu beachten; wird

$$\frac{n 2^r}{d_{r+1}} M = N$$

gesetzt, so entsteht, indem das neue $(r+1)$fache Integral mit positivem Integranden einfach auf den neuen $(r+1)$ dimensionalen Raum erstreckt wird,

$$\Phi(s;\mathfrak{K}) = N \int_{-\infty}^{\infty}\int_{-\infty}^{\infty}\cdots\int_{-\infty}^{\infty} e^{\frac{nsv}{2}} \sum_{\xi}{}' e^{-\pi c e^{v} \sum\limits_{k=1}^{n} |\xi^{(k)}|^2 \prod\limits_{l=1}^{r} |\varepsilon_l^{(k)}|^{2 y_l}} dv\, dy_1 \cdots dy_r .$$

(Im Falle $r = 0$ bedeutet in dem alsdann einfachen Integral $\prod\limits_{l=1}^{r}$ den Wert 1.)

Im Falle $r > 0$ werde ich beweisen, daß für jedes feste v der Integrand über den r dimensionalen y-Raum integriert werden kann, daß die entstehende Funktion von v stetig ist und von $-\infty$ bis ∞ mit dem Ergebnis $\frac{\Phi}{N}$ integriert werden kann. Es ist nämlich bei festem $\omega > 0$ und festem j

$$\Phi(s;\mathfrak{K}) \geqq N \int_{j-1}^{j}\int_{-\omega}^{\omega}\cdots\int_{-\omega}^{\omega} e^{\frac{nsv}{2}} \sum_{\xi}{}' dv\, dy_1 \cdots dy_r$$

$$\geqq N e^{\frac{ns(j-1)}{2}} \int_{-\omega}^{\omega}\cdots\int_{-\omega}^{\omega} \sum_{\xi}{}' e^{-\pi c e^{j} \sum\limits_{k=1}^{n} |\xi^{(k)}|^2 \prod\limits_{l=1}^{r} |\varepsilon_l^{(k)}|^{2 y_l}} dy_1 \cdots dy_r;$$

daher ist

$$\sum_{j_1,\ldots,j_r=-\infty}^{\infty} \int_{j_1}^{j_1+1}\cdots\int_{j_r}^{j_r+1} \sum_{\xi}{}' e^{-\pi c e^{v} \sum\limits_{k=1}^{n}} dy_1 \cdots dy_r$$

für alle v konvergent und zwar gleichmäßig für $j \leqq v \leqq j+1$, also auch für alle v stetig. Folglich ist bei festem j

$$\int\limits_j^{j+1} e^{\frac{nsv}{2}}\,dv \sum_{j_1,\dots,j_r=-\infty}^{\infty} \int\limits_{j_1}^{j_1+1}\cdots\int\limits_{j_r}^{j_r+1} \sum_{\xi}{}' \,dy_1\cdots dy_r$$

$$=\sum_{j_1,\dots,j_r=-\infty}^{\infty} \int\limits_j^{j+1}\int\limits_{j_1}^{j_1+1}\cdots\int\limits_{j_r}^{j_r+1} e^{\frac{nsv}{2}} \sum_{\xi}{}' \,dv\,dy_1\cdots dy_r.$$

Die Summe des letzten Ausdrucks über alle ganzen rationalen j ist $\frac{1}{N}\,\Phi(s;\mathfrak{K})$; daher ist

$$\Phi(s;\mathfrak{K}) = N\int\limits_{-\infty}^{\infty} e^{\frac{nsv}{2}}\,dv \int\limits_{-\infty}^{\infty}\cdots\int\limits_{-\infty}^{\infty} \sum_{\xi}{}' e^{-\pi c e^v \sum\limits_{k=1}^{n} |\xi^{(k)}|^2 \prod\limits_{l=1}^{r} |\varepsilon_l^{(k)}|^{2y_l}}\,dy_1\cdots dy_r.$$

(Im Falle $r=0$ tritt an Stelle des $r$fachen inneren Integrals einfach Σ'.)

Nun ist im Falle $r>0$ das $r$fache innere Integral von der Gestalt

$$\int\limits_{-\infty}^{\infty}\cdots\int\limits_{-\infty}^{\infty} f(y_1,\dots,y_r)\,dy_1\cdots dy_r = \sum_{a_1,\dots,a_r=-\infty}^{\infty} \int\limits_{-\frac12}^{\frac12}\cdots\int\limits_{-\frac12}^{\frac12} f(a_1+\eta_1,\dots,a_r+\eta_r)\,d\eta_1\cdots d\eta_r;$$

hierin ist

$$f(a_1+\eta_1,\dots,a_r+\eta_r) = \sum_{\xi} e^{-\pi c e^v \sum\limits_{k=1}^{n} |\xi^{(k)} \prod\limits_{l=1}^{r} (\varepsilon_l^{(k)})^{a_l}|^2 \prod\limits_{l=1}^{r} |\varepsilon_l^{(k)}|^{2\eta_l}};$$

$\xi^{(k)}\prod\limits_{l=1}^{r}(\varepsilon_l^{(k)})^{a_l}$ ist $\big(\xi\prod\limits_{l=1}^{r}\varepsilon_l^{a_l}\big)^{(k)}$, und $\xi\varrho\prod\limits_{l=1}^{r}\varepsilon_l^{a_l}$ stellt nach Satz 137 und Definition 39, wenn die a unabhängig von $-\infty$ bis $+\infty$ laufen, ϱ die w Einheitswurzeln des Körpers und ξ die in Σ' vorkommenden Zahlen durchläuft, alle Zahlen $\neq 0$ des Ideals $\mathfrak{a}$ dar. Also ist, da $|\varrho^{(k)}|=1$ ist,

$$1 + w\sum_{a_1,\dots,a_r} f(a_1+\eta_1,\dots,a_r+\eta_r) = \sum_{\xi} e^{-\pi c e^v \sum\limits_{k=1}^{n} |\xi^{(k)}|^2 \prod\limits_{l=1}^{r} |\varepsilon_l^{(k)}|^{2\eta_l}},$$

über alle Zahlen ξ des Ideals erstreckt, also nach Definition 42

$$=\Theta\Big(e^v\prod_{l=1}^{r}|\varepsilon_l|^{2\eta_l};\,\mathfrak{a}\Big).$$

Für jeden festen Wert von v besitzt also $\sum\limits_{a_1,\dots,a_r} f(a_1+\eta_1,\dots,a_r+\eta_r)$ im η-Würfel eine von den η freie Majorante $\sum\limits_{\xi} e^{-q\sum\limits_{k=1}^{n}|\xi^{(k)}|^2}$, ist also eine stetige Funktion der η und über den η-Würfel gliedweise integrierbar.

Daher ist

$$\Phi(s;\mathfrak{R}) = \frac{N}{w}\int\limits_{-\infty}^{\infty} e^{\frac{nsv}{2}}\,dv \int\limits_{-\frac{1}{2}}^{\frac{1}{2}}\cdots\int\limits_{-\frac{1}{2}}^{\frac{1}{2}}\Big(\Theta\big(e^v\prod_{l=1}^{r}|\varepsilon_l|^{2\eta_l};\alpha\big)-1\Big)d\eta_1\cdots d\eta_r.$$

Ich behaupte, daß die Integration über v mit der Integration über den η-Würfel vertauscht werden kann. Hierzu genügt es offenbar zu zeigen, daß

$$\int\limits_{-\infty}^{\infty} e^{\frac{nsv}{2}}(\Theta-1)\,dv$$

gleichmäßig im η-Würfel konvergiert und stetig ist. In der Tat sei e^b größer als jede der $2rn$ Zahlen $|\varepsilon_l^{(k)}|$ und $\frac{1}{|\varepsilon_l^{(k)}|}$ gewählt; dann liegt $\Theta\big(e^v\prod\limits_{l=1}^{r}|\varepsilon_l|^{2\eta_l};\alpha\big)-1$ zwischen $\Theta(e^{v+rb};\alpha)-1$ und $\Theta(e^{v-rb};\alpha)-1$. Nach dem obigen ist

$$\Phi(s;\mathfrak{R}) > \frac{N}{w}\int\limits_{-\infty}^{\infty} e^{\frac{nsv}{2}}\,dv\,\big(\Theta(e^{v+rb};\alpha)-1\big)$$

$$= \frac{N}{w}e^{-\frac{ns\cdot 2rb}{2}}\int\limits_{-\infty}^{\infty} e^{\frac{nsv}{2}}\,dv\,\big(\Theta(e^{v-rb};\alpha)-1\big);$$

also konvergiert

$$\int\limits_{-\infty}^{\infty} e^{\frac{nsv}{2}}\Big(\Theta\big(e^v\prod_{l=1}^{r}|\varepsilon_l|^{2\eta_l};\alpha\big)-1\Big)dv$$

gleichmäßig im η-Würfel und ist dort stetig (gleichwie, was wir später brauchen werden, das Teilintegral $\int\limits_0^{\infty}$). Der Ausdruck für $\Phi(s;\mathfrak{R})$ transformiert sich also in

$$(115)\quad \Phi(s;\mathfrak{R}) = \frac{N}{w}\int\limits_{-\frac{1}{2}}^{\frac{1}{2}}\cdots\int\limits_{-\frac{1}{2}}^{\frac{1}{2}} d\eta_1\cdots d\eta_r\int\limits_{-\infty}^{\infty} e^{\frac{nsv}{2}}\Big(\Theta\big(e^v\prod_{l=1}^{r}|\varepsilon_l|^{2\eta_l};\alpha\big)-1\Big)dv.$$

(Für $r=0$ ist damit

$$(116)\quad \Phi(s;\mathfrak{R}) = \frac{N}{w}\int\limits_{-\infty}^{\infty} e^{\frac{nsv}{2}}\big(\Theta(e^v;\alpha)-1\big)dv$$

gemeint.)

Wird das innere Integral $\int\limits_{-\infty}^{\infty}$ im Moment kurz I genannt, so zerlege ich

$$I = \int\limits_0^{\infty} + \int\limits_{-\infty}^{0};$$

hierin ist, v durch $-v$ ersetzt,

$$\int_{-\infty}^{0} = \int_{0}^{\infty} e^{-\frac{nsv}{2}} \Big(\Theta\big(e^{-v}\prod_{l=1}^{r}|\varepsilon_l|^{2\eta_l};\,\alpha\big) - 1\Big)\,dv$$

$$= \int_{0}^{\infty} e^{-\frac{nsv}{2}}\, \Theta\big(e^{-v}\prod_{l=1}^{r}|\varepsilon_l|^{2\eta_l};\,\alpha\big)\,dv - \frac{2}{ns}$$

wegen $s > 1$.

Nun ist nach Satz 153

$$\Theta\big(e^{-v}\prod_{l=1}^{r}|\varepsilon_l|^{2\eta_l};\,\alpha\big) = e^{\frac{nv}{2}}\, \Theta\big(e^{v}\prod_{l=1}^{r}|\varepsilon_l|^{-2\eta_l};\,A\big);$$

ich schreibe alsbald (nach Satz 151) qA statt A, wo $q \gtrless 0$ rational und so gewählt ist, daß $qA_1, \cdots, qA_n$ ganz sind, also nach Satz 131 Basis eines Ideals $\mathfrak{b}$ der Klasse $(\mathfrak{K}^{-1})'$ sind; wegen $s > 1$ ist

$$\int_{0}^{\infty} e^{-\frac{nsv}{2}}\, \Theta\big(e^{-v}\prod_{l=1}^{r}|\varepsilon_l|^{2\eta_l};\,\alpha\big)\,dv$$

$$= \int_{0}^{\infty} e^{\frac{n(1-s)v}{2}} \Big(\Theta\big(e^{v}\prod_{l=1}^{r}|\varepsilon_l|^{-2\eta_l};\,qA\big) - 1\Big)\,dv - \frac{2}{n(1-s)},$$

$$I = -\frac{2}{ns} - \frac{2}{n(1-s)} + \int_{0}^{\infty} e^{\frac{nsv}{2}} \Big(\Theta\big(e^{v}\prod_{l=1}^{r}|\varepsilon_l|^{2\eta_l};\,\alpha\big) - 1\Big)\,dv$$

$$+ \int_{0}^{\infty} e^{\frac{n(1-s)v}{2}} \Big(\Theta\big(e^{v}\prod_{l=1}^{r}|\varepsilon_l|^{-2\eta_l};\,qA\big) - 1\Big)\,dv.$$

Da die beiden ersten Summanden in Bezug auf die η konstant sind, kann jeder der vier Summanden einzeln nach den η weiterintegriert werden; man erhält somit aus (115) und (116), wenn im Integral des vierten Summanden nachträglich η_l durch $-\eta_l$ ersetzt wird,

$$(117)\quad \begin{cases} \Phi(s;\mathfrak{K}) = -\dfrac{2N}{nw}\Big(\dfrac{1}{s} + \dfrac{1}{1-s}\Big) \\[2ex] \quad + \dfrac{N}{w}\displaystyle\int_{-\frac12}^{\frac12}\cdots\int_{-\frac12}^{\frac12} d\eta_1\cdots d\eta_r \int_{0}^{\infty} e^{\frac{nsv}{2}}\Big(\Theta\big(e^{v}\prod_{l=1}^{r}|\varepsilon_l|^{2\eta_l};\,\alpha\big) - 1\Big)\,dv \\[2ex] \quad + \dfrac{N}{w}\displaystyle\int_{-\frac12}^{\frac12}\cdots\int_{-\frac12}^{\frac12} d\eta_1\cdots d\eta_r \int_{0}^{\infty} e^{\frac{n(1-s)v}{2}}\Big(\Theta\big(e^{v}\prod_{l=1}^{r}|\varepsilon_l|^{2\eta_l};\,qA\big) - 1\Big)\,dv. \end{cases}$$

Nun ist leicht zu konstatieren, daß die Integrale nach v in der zweiten und dritten Zeile von (117) für alle komplexen s konvergieren, und zwar gleichmäßig in jedem Streifen $\sigma_1 \leqq \sigma \leqq \sigma_2$ und den Intervallen $-\frac{1}{2} \leqq \eta_1 \leqq \frac{1}{2}, \cdots, -\frac{1}{2} \leqq \eta_r \leqq \frac{1}{2}$; daher strebt

$$(118) \qquad \int_{-\frac{1}{2}}^{\frac{1}{2}} \cdots \int_{-\frac{1}{2}}^{\frac{1}{2}} d\eta_1 \cdots d\eta_r \int_0^{\omega}$$

für $\omega \to \infty$ gleichmäßig gegen einen Grenzwert; so daß (da (118) bei festem $\omega > 0$ offenbar eine ganze Funktion von s ist) die Ausdrücke in der zweiten und dritten Zeile ganze Funktionen von s sind. Aus Symmetriegründen (da die qA auch Basis eines Ideals sind) brauchen diese Konvergenzbehauptungen nur für das Integral in der zweiten Zeile bewiesen zu werden; dieses konvergiert aber, wie wir wissen, für $s > 1$, also a fortiori für $s \leqq 1$, da dann

$$e^{\frac{nsv}{2}} \leqq e^{\frac{nv}{2}} \qquad (v \geqq 0)$$

ist; ferner ist für $\sigma_1 \leqq \sigma \leqq \sigma_2$

$$(119) \qquad \left| e^{\frac{nsv}{2}} \right| \leqq e^{\frac{n\sigma_2 v}{2}} \qquad (v \geqq 0),$$

womit eine von s und auch den η freie Majorante sich ergibt.

Also ist $\Phi(s; \mathfrak{K})$ bis auf die Pole erster Ordnung $s = 0$ und $s = 1$ regulär. Aus (117) und (119) folgt auch sofort die vierte Behauptung des Satzes 154. Ferner folgt aus (117) die Behauptung (105); denn, da $\alpha_1, \cdots, \alpha_n$ abgesehen von dem rationalen Faktor $\frac{1}{q}$ das Komplementärsystem zu $qA_1, \cdots, qA_n$ ist, ist die rechte Seite der für $\Phi(s; \widehat{\mathfrak{K}})$ aufgeschriebenen, aus (117) entstehenden Gleichung, wenn s durch $1 - s$ ersetzt wird, genau die Funktion $\Phi(s; \mathfrak{K})$.

Aus der Definition (104) folgt schließlich

$$\zeta(s; \mathfrak{K}) = A^{-s} \left(\Gamma\left(\frac{s}{2}\right)\right)^{-r_1} (\Gamma(s))^{-r_2} \, \Phi(s; \mathfrak{K});$$

da sich der Pol $s = 0$ weghebt, ist somit $\zeta(s; \mathfrak{K})$ überall regulär bis auf den Pol erster Ordnung $s = 1$ mit dem Residuum

$$A^{-1} (\Gamma(\tfrac{1}{2}))^{-r_1} \frac{2N}{nw} = 2^{r_2} \pi^{\frac{n}{2}} |\Delta|^{-\frac{1}{2}} \pi^{-\frac{r_1}{2}} \frac{2}{nw} \frac{n\, 2^r}{d_{r+1}} M = \frac{2^n \pi^{r_2} M}{w d_{r+1} \sqrt{|\Delta|}} = \lambda.$$

Satz 155: 1. *$\zeta(s)$ ist regulär in der ganzen Ebene bis auf den Pol erster Ordnung $s = 1$ mit dem Residuum $h\lambda$, wo h die Klassenzahl ist.*

2. *Es ist*

$$(120) \quad A^s \left(\Gamma\left(\frac{s}{2}\right)\right)^{r_1} (\Gamma(s))^{r_2} \zeta(s) = A^{1-s} \left(\Gamma\left(\frac{1-s}{2}\right)\right)^{r_1} (\Gamma(1-s))^{r_2} \zeta(1-s).$$

3. *$\zeta(s)$ hat im Punkte $s=0$ für $r=0$ keine Nullstelle, für $r>0$ eine Nullstelle $r$ter Ordnung; in den negativen geraden Zahlen eine Nullstelle $(r+1)$ter Ordnung; in den negativen ungeraden Zahlen für $r_2=0$ keine Nullstelle, für $r_2>0$ eine Nullstelle $r_2$ter Ordnung.*

4. *Alle übrigen etwaigen Nullstellen von $\zeta(s)$ gehören dem Streifen $0\leqq\sigma\leqq 1$ an.*

5. *In jedem festen Streifen $\sigma_1\leqq\sigma\leqq\sigma_2$ ist für $t\geqq 1$ die Funktion*

$$\left|\left(\Gamma\left(\frac{s}{2}\right)\right)^{r_1}(\Gamma(s))^{r_2}\zeta(s)\right|$$

beschränkt.

Beweis: 1. Aus

$$\zeta(s)=\sum_{\mathfrak{K}}\zeta(s;\mathfrak{K})$$

und den beiden ersten Behauptungen von Satz 154 folgt die erste Behauptung des Satzes 155.

2. Aus (104) und (105) folgt durch Summation über alle Klassen $\mathfrak{K}$ die Behauptung (120); denn $\hat{\mathfrak{K}}$ durchläuft mit $\mathfrak{K}$ alle Klassen, weil dies $\mathfrak{K}^{-1}$, also $(\mathfrak{K}^{-1})'$, also $((\mathfrak{K}^{-1})')^{-1}$ tut.

3. Das behauptete Verhalten in $0,-1,-2,\cdots$ folgt aus (120), weil die rechte Seite für $s=0$ einen Pol erster Ordnung hat, für $s=-1,-2,\cdots$ regulär ist und nicht verschwindet.

4. Für $\sigma>1$ verschwindet $\zeta(s)$ nach Satz 141 nicht. Nach (120) ist also jede der Halbebene $\sigma<0$ angehörige Nullstelle der Zetafunktion Pol eines der Γ-Faktoren links.

5. Nach der vierten Behauptung von Satz 154 ergibt sich wegen

$$\left(\Gamma\left(\frac{s}{2}\right)\right)^{r_1}(\Gamma(s))^{r_2}\zeta(s)=A^{-s}\sum_{\mathfrak{K}}\Phi(s;\mathfrak{K})$$

die fünfte Behauptung des Satzes 155.

Satz 156: *Es ist*

$$\text{(121)}\quad \frac{\zeta(1-s;\hat{\mathfrak{K}})}{\zeta(s;\mathfrak{K})}=\frac{\zeta(1-s)}{\zeta(s)}=\left(\frac{2}{(2\pi)^s}\right)^n|\Delta|^{s-\frac{1}{2}}\left(\cos\frac{\pi s}{2}\right)^{r_1+r_2}\left(\sin\frac{\pi s}{2}\right)^{r_2}(\Gamma(s))^n.$$

Beweis: Nach Satz 154 und 155 ist

$$\frac{\zeta(1-s;\hat{\mathfrak{K}})}{\zeta(s;\mathfrak{K})}=\frac{\zeta(1-s)}{\zeta(s)}=A^{2s-1}\left(\frac{\Gamma\left(\frac{s}{2}\right)}{\Gamma\left(\frac{1-s}{2}\right)}\right)^{r_1}\left(\frac{\Gamma(s)}{\Gamma(1-s)}\right)^{r_2};$$

nun ist nach bekannten Eigenschaften der Gammafunktion

$$\frac{\Gamma(s)}{\Gamma(1-s)}=\frac{(\Gamma(s))^2}{\Gamma(s)\,\Gamma(1-s)}=\frac{\sin\pi s}{\pi}(\Gamma(s))^2=\frac{2}{\pi}\sin\frac{\pi s}{2}\cos\frac{\pi s}{2}(\Gamma(s))^2,$$

$$\frac{\Gamma\left(\frac{s}{2}\right)}{\Gamma\left(\frac{1-s}{2}\right)} = \frac{\Gamma\left(\frac{s}{2}\right)\Gamma\left(\frac{1+s}{2}\right)}{\Gamma\left(\frac{1-s}{2}\right)\Gamma\left(\frac{1+s}{2}\right)} = \frac{\sin\pi\left(\frac{1-s}{2}\right)}{\pi}\,\Gamma\left(\frac{s}{2}\right)\Gamma\left(\frac{1+s}{2}\right)$$

$$= \frac{1}{\pi}\cos\frac{\pi s}{2}\,2^{1-s}\sqrt{\pi}\,\Gamma(s) = \frac{2^{1-s}}{\sqrt{\pi}}\cos\frac{\pi s}{2}\,\Gamma(s),$$

also

$$A^{2s-1}\left(\frac{\Gamma\left(\frac{s}{2}\right)}{\Gamma\left(\frac{1-s}{2}\right)}\right)^{r_1}\left(\frac{\Gamma(s)}{\Gamma(1-s)}\right)^{r_2}$$

$$= 2^{-r_2(2s-1)}\pi^{-\frac{n}{2}(2s-1)}|\Delta|^{\frac{1}{2}(2s-1)}\frac{1}{\pi^{\frac{r_1}{2}+r_2}}\,2^{r_1-r_1s+r_2}\left(\cos\frac{\pi s}{2}\right)^{r_1+r_2}\left(\sin\frac{\pi s}{2}\right)^{r_2}(\Gamma(s))^{r_1+2r_2}$$

$$= \left(\frac{2}{(2\pi)^s}\right)^n|\Delta|^{s-\frac{1}{2}}\left(\cos\frac{\pi s}{2}\right)^{r_1+r_2}\left(\sin\frac{\pi s}{2}\right)^{r_2}(\Gamma(s))^n.$$

Zweites Kapitel.

Von den Wurzeln der Zetafunktion im kritischen Streifen.

§ 14. Hilfssätze aus der Funktionentheorie.

Definition 43: *Ist $f(x)$ eine komplexe, für alle hinreichend großen reellen x definierte Funktion und $g(x)$ eine für alle hinreichend großen reellen x positive Funktion, so verstehe ich unter*

$$f(x) = O(g(x)),$$

daß von einer Stelle an, d. h. für alle $x \geqq \xi$,

$$\frac{|f(x)|}{g(x)}$$

beschränkt ist; und unter

$$f(x) = o(g(x)),$$

daß

$$\lim_{x=\infty}\frac{f(x)}{g(x)} = 0$$

ist. Beide Zeichen O, o werden auch dann gebraucht, wenn x nicht stetig, sondern durch die ganzzahligen Werte oder einen anderen, jedesmal erklärten Wertevorrat ins Unendliche läuft.

Satz 157: *Für $s > 0$ ist (wenn alle Logarithmen den reellen Wert bezeichnen)*

$$\log \Gamma(s) = (s - \tfrac{1}{2}) \log s - s + c + \sum_{m=0}^{\infty} \left((s + m + \tfrac{1}{2}) \log \frac{s+m+1}{s+m} - 1 \right),$$

wo c eine Konstante ist.

Beweis: Es sei $s > 0$. Bekanntlich ist

$$\Gamma(s) = \lim_{q=\infty} \frac{q^s q!}{s(s+1)\cdots(s+q)},$$

$$\log \Gamma(s) = \lim_{q=\infty} \left(-\sum_{m=0}^{q} \log(s+m) + \log q! + s \log q \right).$$

Andererseits ist für ganzes $q > 0$

$$\sum_{m=0}^{q} \left((s + m + \tfrac{1}{2}) \log \frac{s+m+1}{s+m} - 1 \right)$$

$$= \sum_{m=0}^{q} (s + m + \tfrac{1}{2}) \left(\log(s+m+1) - \log(s+m) \right) - q - 1$$

$$= \sum_{m=0}^{q} \log(s+m) \left(-(s + m + \tfrac{1}{2}) + (s + m - 1 + \tfrac{1}{2}) \right)$$

$$- (s - \tfrac{1}{2}) \log s + (s + q + \tfrac{1}{2}) \log(s + q + 1) - q - 1$$

$$= -\sum_{m=0}^{q} \log(s+m) - (s-\tfrac{1}{2}) \log s + (s+q+\tfrac{1}{2}) \log(s+q+1) - q - 1,$$

also, wenn sich die Abschätzung auf ganzzahlig wachsendes q bezieht,

$$= \log \Gamma(s) - \log q! - s \log q + o(1) - (s - \tfrac{1}{2}) \log s$$

$$+ (q + s + \tfrac{1}{2}) \left(\log q + \frac{s+1}{q} + O\left(\frac{1}{q^2}\right) \right) - q - 1$$

$$= \log \Gamma(s) - \log q! - s \log q + o(1) - (s - \tfrac{1}{2}) \log s$$

$$+ q \log q + (s + \tfrac{1}{2}) \log q + s + 1 - q - 1$$

(122) $$= \log \Gamma(s) - (s - \tfrac{1}{2}) \log s + s - \log q! + q \log q - q + \tfrac{1}{2} \log q + o(1).$$

Nun konvergiert

(123) $$\sum_{m=0}^{\infty} \left((s + m + \tfrac{1}{2}) \log \frac{s+m+1}{s+m} - 1 \right);$$

denn die rechte Seite der Potenzreihenentwicklung

$$(124)\quad \left(z+\tfrac{1}{2}\right)\log\frac{z+1}{z}-1=\left(z+\tfrac{1}{2}\right)\left(\frac{1}{z}-\frac{1}{2z^2}+\frac{1}{3z^3}-\cdots\right)-1=\frac{a_2}{z^2}+\frac{a_3}{z^3}+\cdots$$

konvergiert — was später auch für komplexe z gebraucht wird — für $|z|>1$; ferner ist für $|z|>2$

$$(125)\qquad \left|\frac{a_2}{z^2}+\frac{a_3}{z^3}+\cdots\right|<\frac{a}{|z|^2},$$

wo a eine absolute Konstante ist. Daher ist bei jedem $s>0$ für $m\geqq 2$ das allgemeine Glied in (123) absolut genommen

$$<\frac{a}{(s+m)^2}<\frac{a}{m^2},$$

so daß (123) konvergiert. Nach (122) strebt also $\log q!-q\log q+q-\frac{1}{2}\log q$ für $q\to\infty$ gegen eine Konstante c, und Satz 157 ist bewiesen.

Satz 158: *Es bezeichne* $\log\Gamma(s)$ *und* $\log s$ *den in der von 0 bis* $-\infty$ *(längs der reellen Achse) aufgeschnittenen Ebene eindeutigen regulären Zweig, der für* $s>0$ *reell ist. Dann ist bei wachsendem* t *gleichmäßig in* σ

$$(126)\qquad G(s)=\log\Gamma(s)-\left(\left(s-\tfrac{1}{2}\right)\log s-s+c\right)=O\left(\frac{1}{t}\right),$$

d. h. bei passender Wahl eines t_0 *und eines* b *für* $t>t_0$

$$|G(s)|<\frac{b}{t}.$$

Beweis: Nach Satz 157 und (124) ist für $s>1$ (wegen $s+m>1$)

$$(127)\qquad G(s)=\sum_{m=0}^{\infty}\sum_{k=2}^{\infty}\frac{a_k}{(s+m)^k}.$$

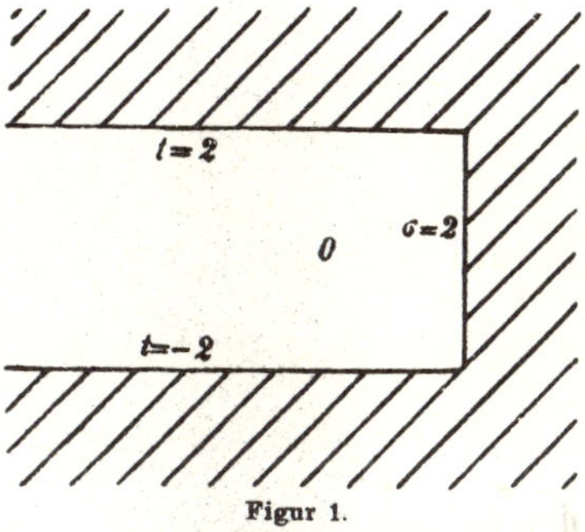

Figur 1.

Ich behaupte, daß in dem zusammenhängenden Bereich der s-Ebene, wo mindestens eine der Ungleichungen $t>2$, $\sigma>2$, $t<-2$ gilt, die $\sum\limits_m$ rechts in (127), deren allgemeines Glied wegen $|s+m|>1$ dort regulär ist, konvergiert und zwar in jedem beschränkten Teilgebiet gleichmäßig, so daß die rechte Seite von (127) in jenem Bereich regulär ist und $G(s)$ darstellt. In der Tat folgt aus (125) für den Bereich wegen $|s+m|>2$

(128)
$$\left|\sum_{k=2}^{\infty}\frac{a_k}{(s+m)^k}\right|<\frac{a}{|s+m|^2},$$

also für jedes beschränkte Teilgebiet von einer Stelle an (die von s unabhängig ist) $<\frac{2a}{m^2}$.

Aus (128) folgt weiter für $t>2$

$$|G(s)|<a\sum_{m=0}^{\infty}\frac{1}{|s+m|^2}=a\sum_{m=0}^{\infty}\frac{1}{(\sigma+m)^2+t^2}<a\sum_{m=-\infty}^{\infty}\frac{1}{(\sigma+m)^2+t^2}$$

$$=a\sum_{m=-\infty}^{\infty}\frac{1}{(\sigma-[\sigma]+m)^2+t^2}<a\sum_{m=1}^{\infty}\frac{1}{m^2+t^2}+\frac{a}{t^2}+\frac{a}{t^2}+\sum_{m=-2}^{-\infty}\frac{1}{(1+m)^2+t^2}$$

$$=\frac{2a}{t^2}+2a\sum_{m=1}^{\infty}\frac{1}{m^2+t^2}<\frac{a}{t}+2a\int_0^{\infty}\frac{dm}{m^2+t^2}=\frac{b}{t}.$$

Satz 159: *Wenn* $\log\Gamma(s)$ *die Bedeutung aus Satz* 158 *hat, ist in jedem Streifen* $\sigma_1\leqq\sigma\leqq\sigma_2$ *gleichmäßig*

(129) $$\log\Gamma(s)=-\frac{\pi}{2}t+\left(\sigma-\frac{1}{2}\right)\log t+ti(\log t-1)+\frac{\pi}{2}\left(\sigma-\frac{1}{2}\right)i+c+O\left(\frac{1}{t}\right).$$

Beweis: Für $t>0$ ist das in Satz 158 vorkommende

$$\log s=\log(ti)+\int_{ti}^{\sigma+ti}\frac{dz}{z}=\log t+\frac{\pi}{2}i+\int_0^{\sigma}\frac{du}{u+ti}$$

$$=\log t+\frac{\pi}{2}i+\int_0^{\sigma}\frac{du}{ti}+\int_0^{\sigma}du\left(\frac{1}{u+ti}-\frac{1}{ti}\right)$$

$$=\log t+\frac{\pi}{2}i-\frac{\sigma}{t}i-\int_0^{\sigma}\frac{u}{ti(u+ti)}du,$$

so daß wegen

$$\left|\int_0^{\sigma}\frac{u}{ti(u+ti)}du\right|\leqq\frac{1}{t^2}\int_0^{|\sigma|}u\,du=\frac{\sigma^2}{2t^2}$$

für den Streifen $\sigma_1\leqq\sigma\leqq\sigma_2$ gleichmäßig aus (126) folgt:

$$\log\Gamma(s)=\left(\sigma-\frac{1}{2}+ti\right)\left(\log t+\frac{\pi}{2}i-\frac{\sigma}{t}i+O\left(\frac{1}{t^2}\right)\right)-\sigma-ti+c+O\left(\frac{1}{t}\right)$$

$$=\left(\sigma-\frac{1}{2}\right)\log t+ti\log t+\frac{\pi}{2}\left(\sigma-\frac{1}{2}\right)i-\frac{\pi}{2}t+O\left(\frac{1}{t}\right)+\sigma-\sigma-ti+c,$$

d. i. die Behauptung.

Satz 160: *Für $\sigma_1 \leqq \sigma \leqq \sigma_2$ ist gleichmäßig*

(130) $$\Gamma(s) = b(\sigma)\, e^{-\frac{\pi}{2}t}\, t^{\sigma-\frac{1}{2}}\, e^{ti(\log t - 1)}\left(1 + O\left(\frac{1}{t}\right)\right),$$

wo $|b(\sigma)| = e^c$, also absolut konstant ist.

Beweis: Es ist
$$e^{O\left(\frac{1}{t}\right)} = 1 + O\left(\frac{1}{t}\right);$$
denn für $|z| < 1$ ist
$$|e^z - 1| \leqq B|z|,$$
wo B absolut konstant ist. Aus (129) folgt also (130) mit $b = e^{\frac{\pi}{2}\left(\sigma - \frac{1}{2}\right)i + c}$.

Satz 161: *Für $\sigma_1 \leqq \sigma \leqq \sigma_2$ ist gleichmäßig*
$$\lim_{t=\infty} \frac{|\Gamma(s)|}{e^{-\frac{\pi}{2}t}\, t^{\sigma-\frac{1}{2}}} = e^c.$$

Beweis: Folgt unmittelbar aus Satz 160.

Satz 162: *Für $\sigma_1 \leqq \sigma \leqq \sigma_2$ ist gleichmäßig*
$$\frac{1}{\Gamma(s)} = O(e^{2t}).$$

Beweis: Nach Satz 161 ist für $t > t_1(\sigma_1, \sigma_2)$, wo $t_1 > 1$ gewählt sei,
$$\frac{|\Gamma(s)|}{e^{-\frac{\pi}{2}t}\, t^{\sigma-\frac{1}{2}}} > \frac{1}{2}e^c,$$
$$\left|\frac{1}{\Gamma(s)}\right| < 2e^{-c}\, e^{\frac{\pi}{2}t}\, t^{\frac{1}{2}-\sigma} \leqq 2e^{-c}\, e^{\frac{\pi}{2}t}\, t^{\frac{1}{2}-\sigma_1},$$
wo die rechte Seite von s frei und $O(e^{2t})$ ist.

Satz 163: *Für $\sigma_1 \leqq \sigma \leqq \sigma_2$ ist gleichmäßig*[1])
$$\mathfrak{J} \log \Gamma(s) = \mathfrak{J} \int_1^s \frac{\Gamma'}{\Gamma}(z)\,dz = \operatorname{arc} \Gamma(s) = t \log t - t + O(1).$$

Beweis: Aus (129) folgt gleichmäßig
$$\mathfrak{J} \log \Gamma(s) = t(\log t - 1) + \frac{\pi}{2}\left(\sigma - \frac{1}{2}\right) + O\left(\frac{1}{t}\right),$$
und $\frac{\pi}{2}\left(\sigma - \frac{1}{2}\right)$ ist für $\sigma_1 \leqq \sigma \leqq \sigma_2$ beschränkt.

Satz 164: *Für $\sigma_1 \leqq \sigma \leqq \sigma_2$ ist gleichmäßig*
$$\frac{\Gamma'}{\Gamma}(s) = O(\log t).$$

1) $\mathfrak{J} z$ bedeutet den Koeffizienten v von i in der komplexen Zahl $z = u + vi$.

Beweis: Wegen

$$\Gamma(s+1) = s\,\Gamma(s),$$

$$\frac{\Gamma'}{\Gamma}(s+1) = \frac{1}{s} + \frac{\Gamma'}{\Gamma}(s)$$

darf $\sigma_1 = 1$, $\sigma_2 = 2$ angenommen werden. Aus

$$\frac{1}{\Gamma(s)} = e^{Cs} s \prod_{m=1}^{\infty} \left(1 + \frac{s}{m}\right) e^{-\frac{s}{m}},$$

(131) $$\frac{\Gamma'}{\Gamma}(s) = -C - \frac{1}{s} - \sum_{m=1}^{\infty} \left(\frac{\frac{1}{m}}{1 + \frac{s}{m}} - \frac{1}{m} \right) = -C - \frac{1}{s} + s \sum_{m=1}^{\infty} \frac{1}{m(s+m)}$$

folgt für $1 \leqq \sigma \leqq 2$, $t \geqq 2$

$$\left| \frac{\Gamma'}{\Gamma}(s) \right| < C + 1 + (2+t) \left(\sum_{m=1}^{[t]} \frac{1}{mt} + \sum_{m=[t]+1}^{\infty} \frac{1}{m(m+1)} \right)$$

$$= C + 1 + (2+t) \left(\frac{1}{t} \sum_{m=1}^{[t]} \frac{1}{m} + \frac{1}{[t]+1} \right) < C + 1 + 2t \left(\frac{1}{t} (1 + \log t) + \frac{1}{t} \right)$$

$$= C + 5 + 2 \log t = O(\log t).$$

Satz 165: *Für* $\sigma \geqq 2$ *ist*

$$\left| \frac{\Gamma'}{\Gamma}(s) \right| < c_1 \log |s|,$$

wo c_1 *eine absolute Konstante ist.*

Beweis: Für $\sigma \geqq 2$ ist nach (131)

$$\left| \frac{\Gamma'}{\Gamma}(s) \right| \leqq C + \frac{1}{2} + |s| \sum_{m=1}^{\infty} \frac{1}{m|s+m|} < C + 1 + |s| \sum_{m=1}^{[|s|]} \frac{1}{m|s|} + |s| \sum_{m=[|s|]+1}^{\infty} \frac{1}{m(m+1)}$$

$$\leqq C + 1 + 1 + \log|s| + \frac{|s|}{[|s|]+1} < C + 3 + \log|s| < c_1 \log|s|.$$

Satz 166: *Es werde der reziproke Wert der rechten Seite von* (121)

$$\left(\frac{(2\pi)^s}{2}\right)^n |\varDelta|^{\frac{1}{2}-s} \left(\cos\frac{\pi s}{2}\right)^{-(r_1+r_2)} \left(\sin\frac{\pi s}{2}\right)^{-r_2} \left(\Gamma(s)\right)^{-n} = f(s)$$

gesetzt. Dann ist für $\sigma_1 \leqq \sigma \leqq \sigma_2$ *gleichmäßig*

(132) $$f(s) = A_0 t^{n\left(\frac{1}{2}-\sigma\right)} e^{-nti(\log t - A)} \left(1 + O\left(\frac{1}{t}\right)\right),$$

wo das reelle A nur von n, Δ, r_1, r_2 (also nur vom Körper), das komplexe, von 0 verschiedene A_0 außerdem noch von σ abhängt, aber für $\sigma_1 \leqq \sigma \leqq \sigma_2$ beschränkt ist, so daß aus (132) *a fortiori gleichmäßig*

$$f(s) = O\left(t^{n\left(\frac{1}{2}-\sigma\right)}\right) \tag{133}$$

folgt.

Beweis: Aus

$$\cos\frac{\pi s}{2} = \frac{1}{2}\left(e^{\frac{\pi s}{2}i} + e^{-\frac{\pi s}{2}i}\right) = \frac{1}{2}\left(e^{-\frac{\pi}{2}t+\frac{\pi}{2}\sigma i} + e^{\frac{\pi}{2}t-\frac{\pi}{2}\sigma i}\right)$$

$$= \frac{1}{2}\,e^{\frac{\pi}{2}t-\frac{\pi}{2}\sigma i}\left(1 + e^{-\pi t+\pi\sigma i}\right)$$

folgt (wie alles folgende für $\sigma_1 \leqq \sigma \leqq \sigma_2$ gleichmäßig)

$$\cos\frac{\pi s}{2} = \frac{1}{2}\,e^{\frac{\pi}{2}t}\,e^{-\frac{\pi}{2}\sigma i}\left(1 + O\left(\frac{1}{t}\right)\right), \tag{134}$$

also

$$\sin\frac{\pi s}{2} = -\cos\frac{\pi(1+s)}{2} = -\frac{1}{2}\,e^{\frac{\pi}{2}t}\,e^{-\frac{\pi}{2}(1+\sigma)i}\left(1 + O\left(\frac{1}{t}\right)\right)$$

$$= \frac{i}{2}\,e^{\frac{\pi}{2}t}\,e^{-\frac{\pi}{2}\sigma i}\left(1 + O\left(\frac{1}{t}\right)\right). \tag{135}$$

Aus (130), (134), (135) folgt wegen $\left(1 + O\left(\frac{1}{t}\right)\right)^{-1} = 1 + O\left(\frac{1}{t}\right)$ nebst $\left(1 + O\left(\frac{1}{t}\right)\right)\left(1 + O\left(\frac{1}{t}\right)\right) = 1 + O\left(\frac{1}{t}\right)$ für $f(s)$ die Abschätzung

$$f(s) = 2^{-n}\,|\Delta|^{\frac{1}{2}}\,e^{(n\log 2\pi-\log|\Delta|)(\sigma+ti)}\left(\frac{1}{2}\right)^{-(r_1+r_2)}\left(\frac{i}{2}\right)^{-r_2} e^{-\frac{n\pi}{2}t}\,e^{\frac{n\pi}{2}\sigma i}$$

$$\times(b(\sigma))^{-n}\,e^{\frac{n\pi}{2}t}\,t^{-n\left(\sigma-\frac{1}{2}\right)}\,e^{-nti(\log t-1)}\left(1 + O\left(\frac{1}{t}\right)\right);$$

$f(s)$ ist also von der Gestalt der rechten Seite von (132) mit

$$A = \log 2\pi + 1 - \frac{1}{n}\log|\Delta|,$$

$$A_0 = 2^{-n}\,|\Delta|^{\frac{1}{2}}\left(\frac{(2\pi)^n}{|\Delta|}\right)^{\sigma}\frac{i^{-r_2}}{2^{-n}}\,e^{\frac{n\pi}{2}\sigma i}\,(b(\sigma))^{-n},$$

$$|A_0| = |\Delta|^{\frac{1}{2}}\left(\frac{(2\pi)^n}{|\Delta|}\right)^{\sigma} e^{-cn}.$$

Satz 167: *Es sei $g(s)$ für $|s-s_0| \leqq R$ regulär, $\mu = |g(s_0)| \neq 0$. Es habe $g(s)$ im Kreise $|s-s_0| \leqq \frac{R}{4}$ genau v Nullstellen ($v \geqq 0$), mehrfache — wie stets in analogen Fällen — in ihrer Vielfachheit gezählt. Es sei*

$$M = \operatorname*{Max.}_{|s-s_0|=R} |g(s)| = \operatorname*{Max.}_{|s-s_0|\leqq R} |g(s)|.$$

Dann ist

$$v \leqq \log \frac{M}{\mu}.$$

Außerdem genügt die für $|s-s_0| \leqq R$ reguläre Funktion

$$h(s) = \frac{g(s)}{\prod\limits_{m=1}^{v}\left(1 - \frac{s-s_0}{s_m - s_0}\right)},$$

wo $s_1, \cdots, s_v$ die Nullstellen in $|s-s_0| \leqq \frac{R}{4}$ sind und der Nenner im Falle $v = 0$ (wie jedes leere Produkt) 1 bedeutet, für $|s-s_0| \leqq R$ der Ungleichung

$$|h(s)| \leqq M.$$

Beweis: Ohne Beschränkung der Allgemeinheit sei $s_0 = 0$. Für $|s| = R$ und jedes $m = 1, \cdots, v$ ist

$$\left|1 - \frac{s}{s_m}\right| \geqq \left|\frac{s}{s_m}\right| - 1 \geqq \frac{R}{\frac{R}{4}} - 1 = 3,$$

$$|h(s)| \leqq \frac{M}{3^v}.$$

Daher ist einerseits

$$\mu = |g(0)| = |h(0)| \leqq \frac{M}{3^v},$$

$$e^v \leqq 3^v \leqq \frac{M}{\mu},$$

$$v \leqq \log \frac{M}{\mu},$$

andererseits für $|s| \leqq R$

$$|h(s)| \leqq \frac{M}{3^v} \leqq M.$$

Satz 168: *Ist $F(s)$ für $|s-s_0| \leqq R$ regulär, $0 < r < R$, $\mathfrak{A} = \operatorname*{Max.}_{|s-s_0|\leqq R} \Re F(s)$, so ist für $|s-s_0| \leqq r$*

$$|F'(s)| \leqq \frac{2R}{(R-r)^2}(\mathfrak{A} - \Re F(s_0)).$$

Beweis: Ohne Beschränkung der Allgemeinheit sei $s_0 = 0$, $F(0) = 0$. Die Potenzreihe

$$F(s) = \sum_{m=1}^{\infty} a_m s^m$$

konvergiert über $|s| \leqq R$ hinaus; wegen der gleichmäßigen Konvergenz von

$$\sum_{m=1}^{\infty}(a_m e^{m\varphi i} + \bar{a}_m e^{-m\varphi i})R^m = 2\Re F(Re^{\varphi i})$$

für $0 \leqq \varphi \leqq 2\pi$ ist also

$$\int_0^{2\pi} \Re F(Re^{\varphi i})d\varphi = 0$$

und bei ganzem rationalem $k > 0$

$$\int_0^{2\pi} e^{-k\varphi i}\Re F(Re^{\varphi i})d\varphi = \pi a_k R^k,$$

$$-\pi a_k R^k = \int_0^{2\pi} e^{-k\varphi i}(\mathfrak{A} - \Re F(Re^{\varphi i}))d\varphi,$$

$$\pi |a_k| R^k \leqq \int_0^{2\pi} (\mathfrak{A} - \Re F(Re^{\varphi i}))d\varphi = 2\pi\mathfrak{A}.$$

Für $|s| \leqq r$ ist also

$$|F'(s)| = \left|\sum_{k=1}^{\infty} k a_k s^{k-1}\right| \leqq \frac{2\mathfrak{A}}{R}\sum_{k=1}^{\infty} k\left(\frac{r}{R}\right)^{k-1} = \frac{2\mathfrak{A}}{R}\frac{1}{\left(1-\frac{r}{R}\right)^2} = \frac{2R}{(R-r)^2}\mathfrak{A}.$$

Satz 169: *Ist $g(x)$ eine ganze, nicht rationale Funktion, $g(0) \neq 0$ und stets*

$$|g(x)| < Be^{|x|^{\frac{3}{4}}},$$

so hat $g(x)$ unendlich viele Nullstellen $\xi_1, \xi_2, \cdots$, für welche

$$\sum_{k=1}^{\infty}\frac{1}{|\xi_k|}$$

konvergiert, und es ist überdies (bei beliebiger Anordnung der ξ_k)

$$g(x) = g(0)\prod_{k=1}^{\infty}\left(1 - \frac{x}{\xi_k}\right).$$

Beweis: Ohne Beschränkung der Allgemeinheit sei $g(0) = 1$.

Im Falle unendlich vieler Wurzeln ξ ist, wenn sie nach wachsenden absoluten Beträgen r_k $(k = 1, 2, \cdots)$ geordnet werden, nach Satz 167 mit $R = 4r_k$

$$k < \log\left(Be^{(4r_k)^{\frac{3}{4}}}\right) = \log B + (4r_k)^{\frac{3}{4}},$$

also für $k \geqq k_0$

$$k < r_k^{\frac{4}{5}}, \qquad \frac{1}{r_k} < \frac{1}{k^{\frac{5}{4}}}.$$

Daher ist

$$\sum_{k=1}^{\infty} \frac{1}{r_k}$$

konvergent, also

(136) $$g(x) = e^{F(x)} \prod_{\xi} \left(1 - \frac{x}{\xi}\right),$$

wo $F(x)$ eine ganze Funktion ist.

Im Falle endlich vieler Wurzeln ξ gilt (136) von selbst, indem $\prod\limits_{\xi}$ ein endliches Produkt ist.

Es verbleibt also zu zeigen, daß $F(x)$ konstant ist, d. h. $F'(x)$ identisch verschwindet. (Eo ipso gibt es alsdann unendlich viele ξ, da $g(x)$ keine ganze rationale Funktion ist.)

Für jedes $R > 0$ betrachte ich die ganze Funktion

$$\frac{g(x)}{\prod\limits_{|\xi| \leqq \frac{R}{4}} \left(1 - \frac{x}{\xi}\right)} = h(x) = h(x;\, R).$$

Nach Satz 167 ist für $|x| \leqq R$

$$|h(x)| < B e^{R^{\frac{3}{4}}};$$

für $|x| \leqq \frac{R}{4}$ ist $h(x)$ von 0 verschieden, also

$$h(x) = e^{K(x)},\ K(x) = K(x;\, R) \text{ regulär},\ \Re K(x) < \log B + R^{\frac{3}{4}},\ \Re K(0) = 0.$$

Nach Satz 168 ist also für $|x| \leqq \frac{R}{8}$

$$|K'(x)| < \frac{32}{R}\left(\log B + R^{\frac{3}{4}}\right).$$

Nun ist

$$F'(x) = \frac{g'}{g}(x) - \sum_{\xi} \frac{1}{x - \xi} = \frac{h'}{h}(x) - \sum_{|\xi| > \frac{R}{4}} \frac{1}{x - \xi} = K'(x) - \sum_{|\xi| > \frac{R}{4}} \frac{1}{x - \xi},$$

also bei festem x

$$F'(x) = \lim_{R = \infty} K'(x;\, R) = 0.$$

Satz 170: *Es sei $G(s)$ für $\sigma_1 \leqq \sigma \leqq \sigma_2$, $t \geqq t_0$ (Gebiet $\mathfrak{G}$) regulär. Für $\sigma = \sigma_1$ und $\sigma = \sigma_2$ sei bei wachsendem t*

$$G(s) = O(1);$$

für $\sigma_1 \leqq \sigma \leqq \sigma_2$ sei gleichmäßig

$$G(s) = O(e^{\gamma t}),$$

wo γ von σ und t unabhängig ist. Dann ist auch im Innern von $\mathfrak{G}$ gleichmäßig

$$G(s) = O(1).$$

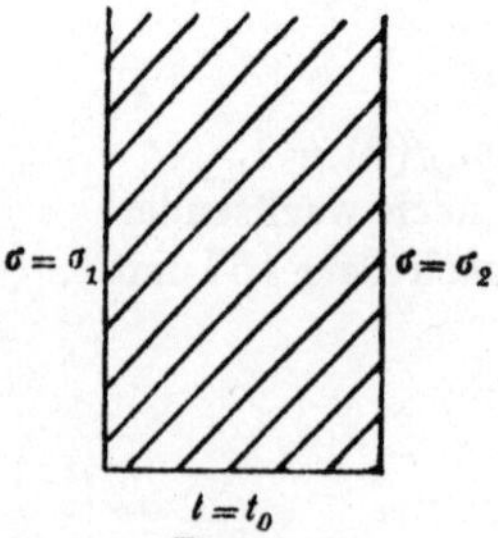

Figur 2.

Beweis: Nach Voraussetzung gibt es ein B, so daß auf dem ganzen Rande des Gebietes $\mathfrak{G}$

$$|G(s)| \leqq B$$

ist; ich setze ferner $\text{Max.}(\sigma_1^2, \sigma_2^2) = b$.

Es sei $\varepsilon > 0$. Die Funktion

$$g(s) = e^{\varepsilon s^2} G(s)$$

ist in $\mathfrak{G}$ regulär; ebenda ist

$$|g(s)| = e^{\varepsilon(\sigma^2 - t^2)} |G(s)| \leqq e^{\varepsilon(b - t^2)} |G(s)|.$$

Auf dem Rande von $\mathfrak{G}$ ist also

(137) $$|g(s)| \leqq e^{\varepsilon b} B;$$

im Innern strebt wegen der gleichmäßigen Abschätzung

$$g(s) = O(e^{-\varepsilon t^2} e^{\gamma t}) = o(1)$$

$g(s)$ gleichmäßig gegen 0. Jeder innere Punkt von $\mathfrak{G}$ kann also in ein Rechteck (dessen Begrenzungslinien $\sigma = \sigma_1$, $\sigma = \sigma_2$, $t = t_0$ und $t = t_1$ bei passender Wahl von t_1 sind) eingeschlossen werden, auf dessen Rand durchweg (137) gilt. Für jeden Punkt von $\mathfrak{G}$ gilt also (137), also

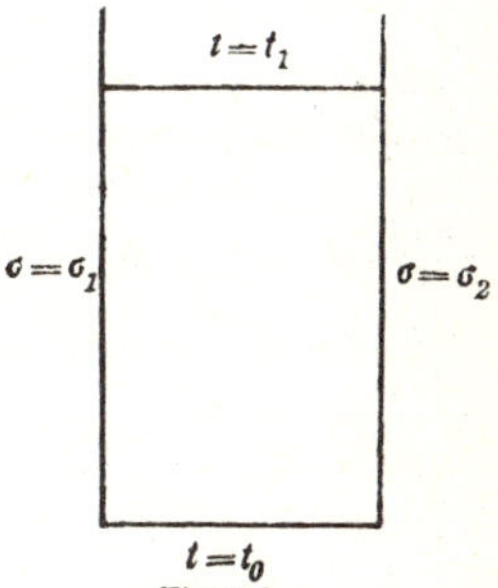

Figur 3.

$$|G(s)| = e^{\varepsilon(t^2 - \sigma^2)} |g(s)| \leqq e^{\varepsilon(t^2 - \sigma^2 + b)} B,$$

folglich, da $\varepsilon > 0$ beliebig war,

$$|G(s)| \leqq B.$$

§ 15. Über die Ordinaten der Wurzeln von $\zeta(s)$ im kritischen Streifen.

Satz 171: *In jeder Halbebene* $\sigma \geqq \sigma_1$ *ist gleichmäßig*

$$\zeta(s; \mathfrak{K}) = O(t^Q)$$

und

$$\zeta(s) = O(t^Q),$$

wo Q *von* σ_1 *abhängt. Insbesondere ist im Falle* $\sigma_1 < 0$ *die Zahl* $Q = n(\frac{1}{2} - \sigma_1)$ *wählbar.*

Beweis: Wegen

$$\zeta(s) = \sum_{\mathfrak{K}} \zeta(s; \mathfrak{K})$$

genügt es, die Behauptung für $\zeta(s; \mathfrak{K})$ zu beweisen. Ohne Beschränkung der Allgemeinheit kann $\sigma_1 < 0$ angenommen werden (da man sonst nur den Streifen zu vergrößern hat), und die Behauptung braucht nur für den Streifen $\sigma_1 \leqq \sigma \leqq 2$ bewiesen zu werden, da $|\zeta(s; \mathfrak{K})|$ für $\sigma \geqq 2$ sogar beschränkt ist.

Für $\sigma = 2$ ist

$$|\zeta(s;\mathfrak{K})| \leqq \zeta(2),$$

also

$$\zeta(s;\mathfrak{K}) = O(1). \tag{138}$$

Für $\sigma = \sigma_1$ ist nach Satz 166, Formel (133)

$$\frac{\zeta(s;\mathfrak{K})}{\zeta(1-s;\widehat{\mathfrak{K}})} = f(s) = O\left(t^{n\left(\frac{1}{2}-\sigma_1\right)}\right),$$

also, wegen

$$|\zeta(1-s;\widehat{\mathfrak{K}})| \leqq \zeta(1-\sigma_1),$$

$$\zeta(s;\mathfrak{K}) = O\left(t^{n\left(\frac{1}{2}-\sigma_1\right)}\right). \tag{139}$$

Für $\sigma_1 < \sigma < 2$ ist nach Satz 154, 4. und (104) gleichmäßig

$$\zeta(s;\mathfrak{K}) = \frac{1}{\left(\Gamma\left(\frac{s}{2}\right)\right)^{r_1}} \frac{1}{(\Gamma(s))^{r_2}} O(1),$$

also nach Satz 162 gleichmäßig

$$\zeta(s;\mathfrak{K}) = \left(O\left(e^{\frac{t}{2}}\right)\right)^{r_1} \left(O(e^{2t})\right)^{r_2} O(1) = O\left(e^{(r_1+2r_2)t}\right) = O(e^{nt}). \tag{140}$$

Ich wende nun Satz 170 für $\sigma_1 \leqq \sigma \leqq \sigma_2 = 2$, $t \geqq t_0 = 1$ auf die Funktion

$$G(s) = \frac{\zeta(s;\mathfrak{K})}{s^{n\left(\frac{1}{2}-\sigma_1\right)}}$$

an, wo $s^{n\left(\frac{1}{2}-\sigma_1\right)}$ den für $s>0$ positiven, in der von 0 bis $-\infty$ aufgeschnittenen Ebene regulären Zweig bezeichnet. Weil für $t \geqq 1$

$$\left|s^{n\left(\frac{1}{2}-\sigma_1\right)}\right| = |s|^{n\left(\frac{1}{2}-\sigma_1\right)} \geqq t^{n\left(\frac{1}{2}-\sigma_1\right)}$$

ist, ist für $\sigma = \sigma_1$ nach (139)

$$G(s) = O\left(t^{n\left(\frac{1}{2}-\sigma_1\right)} t^{-n\left(\frac{1}{2}-\sigma_1\right)}\right) = O(1),$$

für $\sigma = \sigma_2$ nach (138)

$$G(s) = O\left(t^{-n\left(\frac{1}{2}-\sigma_1\right)}\right) = O(1),$$

für $\sigma_1 < \sigma < \sigma_2$ nach (140) gleichmäßig

$$G(s) = O\left(e^{nt} t^{-n\left(\frac{1}{2}-\sigma_1\right)}\right) = O(e^{nt}),$$

also nach Satz 170 für $\sigma_1 \leqq \sigma \leqq \sigma_2$ gleichmäßig

$$G(s) = O(1),$$

$$|\zeta(s;\mathfrak{K})| = |\sigma + ti|^{n\left(\frac{1}{2}-\sigma_1\right)} O(1) = O\left(t^{n\left(\frac{1}{2}-\sigma_1\right)}\right).$$

Satz 172: *Für $\sigma > 1$ ist*

$$\frac{\zeta'}{\zeta}(s) = -\sum_{\mathfrak{p}, m} \frac{\log N\mathfrak{p}}{N\mathfrak{p}^{ms}},$$

wo in beliebiger Reihenfolge $\mathfrak{p}$ die Primideale, m die positiven ganzen rationalen Zahlen durchläuft.

Beweis: Für $|z| < 1$ ist

$$\frac{1}{1-z} = e^{\sum\limits_{m=1}^{\infty} \frac{z^m}{m}};$$

also ist für $\sigma > 1$ und alle $\mathfrak{p}$

$$\frac{1}{1 - \frac{1}{N\mathfrak{p}^s}} = e^{\sum\limits_{m} \frac{1}{m N\mathfrak{p}^{ms}}},$$

folglich nach (84)

$$\zeta(s) = e^{\sum\limits_{\mathfrak{p}, m} \frac{1}{m N\mathfrak{p}^{ms}}};$$

die Doppelreihe im Exponenten konvergiert absolut, außerdem für $\sigma > 1 + \delta$, $\delta > 0$, gleichmäßig, da

$$\sum_{\mathfrak{p}, m} \frac{1}{N\mathfrak{p}^{m(1+\delta)}}$$

als Teilreihe von $\sum\limits_{\mathfrak{a}} \frac{1}{N\mathfrak{a}^{1+\delta}}$ konvergiert. Daher ist

$$\zeta'(s) = \zeta(s) \sum_{\mathfrak{p}, m} \frac{-m \log N\mathfrak{p}}{m N\mathfrak{p}^{ms}} = -\zeta(s) \sum_{\mathfrak{p}, m} \frac{\log N\mathfrak{p}}{N\mathfrak{p}^{ms}}.$$

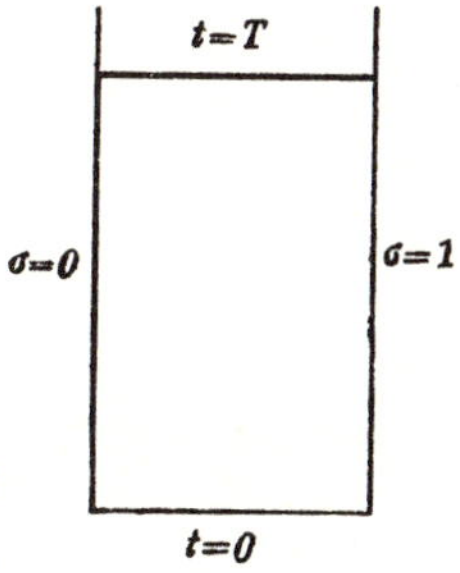

Figur 4.

Satz 173: *Es bezeichne*[1] $N(T)$ *für $T > 0$ die Anzahl der Nullstellen*[2] *von $\zeta(s)$, welche dem Rechteck $0 \leq \sigma \leq 1$, $0 < t \leq T$ angehören (oder, was nach Satz 155 dasselbe ist, dem Horizontalstreifen $0 < t \leq T$). Dann ist bei wachsendem T*

$$(141) \quad N(T) = \frac{n}{2\pi} T \log T + \frac{\log|\Delta| - n - n \log 2\pi}{2\pi} T + O(\log T).$$

Die Funktion $\zeta(s)$ hat also im Streifen $0 \leq \sigma \leq 1$ unendlich viele Wurzeln.

Beweis: $N(T)$ deckt sich mit der Wurzelzahl der exkl. $s = 0$ und $s = 1$ in der ganzen Ebene regulären Funktion

$$(142) \qquad \Phi(s) = A^s \left(\Gamma\left(\frac{s}{2}\right)\right)^{r_1} (\Gamma(s))^{r_2} \zeta(s)$$

1) Eine Verwechslung mit dem (nicht gleichzeitig auftretenden) Zeichen N für die Norm ist nicht zu befürchten.

2) Hierbei sind mehrfache Nullstellen, wie stets, in ihrer Vielfachheit zu zählen.

im gegebenen Rechteck, also, wenn $q > 0$ so gewählt ist, daß keine Ordinate einer Nullstelle zugleich > 0 und $\leqq q$ ist, für $T > q$ mit der Wurzelzahl von $\Phi(s)$ im Rechteck $0 \leqq \sigma \leqq 1$, $q \leqq t \leqq T$.

Es genügt, (141) für so wachsendes T zu beweisen, daß alle Wurzelordinaten übersprungen werden; denn, wenn für alle solchen $T > \tau$

$$(143) \qquad |N(T) - A_1 T \log T - A_2 T| \leqq \beta \log T$$

bewiesen ist, wo β, A_1 und A_2 von T unabhängig sind, so folgt für ein $T_0 > \tau$, welches nicht „wurzelfrei" ist, weil für alle hinreichend kleinen positiven δ erstens

$$N(T_0 + \delta) = N(T_0),$$

zweitens nach (143)

$$|N(T_0 + \delta) - A_1(T_0 + \delta)\log(T_0 + \delta) - A_2(T_0 + \delta)| \leqq \beta \log(T_0 + \delta)$$

ist, wenn δ zu 0 strebt, (143) auch mit $T = T_0$.

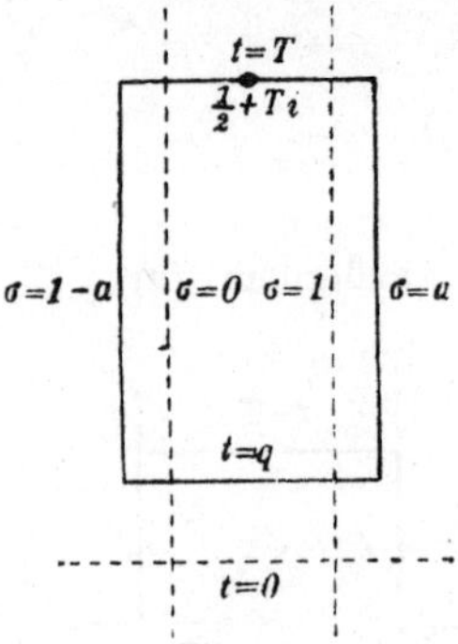

Figur 5.

Für „wurzelfreies" $T > q$ ist $N(T)$, weil es auch die Wurzelzahl im Rechteck $1 - a \leqq \sigma \leqq a$, $q \leqq t \leqq T$ ist, wo a vorläufig irgend eine Zahl > 1 ist, und weil der Rand dieses Rechtecks wurzelfrei ist, nach Cauchy durch die Formel gegeben

$$2\pi i N(T) = \int \frac{\Phi'}{\Phi}(s)\,ds,$$

erstreckt über den Rand des Rechtecks im positiven Sinn. Demnach ist

$$(144) \qquad 2\pi N(T) = \Im \int \frac{\Phi'}{\Phi}(s)\,ds.$$

Das Integral über die untere, von T freie Rechtecksseite ist $O(1)$.

Der imaginäre Teil des Integrals über die rechte Seite ist gleich dem imaginären Teil des Integrals über die linke Seite. Es ist nämlich nach Satz 155, 2.

$$(145) \qquad \Phi(s) = \Phi(1 - s),$$

$$\Phi'(s) = -\Phi'(1 - s),$$

$$(146) \qquad \frac{\Phi'}{\Phi}(s) = -\frac{\Phi'}{\Phi}(1 - s);$$

ferner ist $\Phi(s)$ nach (142) für $s > 1$ reell, so daß $\frac{\Phi'}{\Phi}(s)$ für konjugiert komplexe s konjugiert komplexe Werte annimmt; daher ist wegen (146)

$$\Im \int_{a+qi}^{a+Ti} \frac{\Phi'}{\Phi}(s)\,ds = \int_q^T \Re \frac{\Phi'}{\Phi}(a + ti)\,dt = -\int_q^T \Re \frac{\Phi'}{\Phi}(1 - a - ti)\,dt$$

$$= -\int_q^T \Re \frac{\Phi'}{\Phi}(1 - a + ti)\,dt = -\Im \int_{1-a+qi}^{1-a+Ti} \frac{\Phi'}{\Phi}(s)\,ds = \Im \int_{1-a+Ti}^{1-a+qi} \frac{\Phi'}{\Phi}(s)\,ds.$$

Ferner ist der imaginäre Teil des Integrals über die beiden Hälften der oberen Rechteckseite gleich; denn nach (146) ist

$$\Im\int\limits_{a+Ti}^{\frac{1}{2}+Ti}\frac{\Phi'}{\Phi}(s)ds=\int\limits_{a}^{\frac{1}{2}}\Im\frac{\Phi'}{\Phi}(\sigma+Ti)d\sigma=-\int\limits_{a}^{\frac{1}{2}}\Im\frac{\Phi'}{\Phi}(1-\sigma-Ti)d\sigma$$

$$=\int\limits_{a}^{\frac{1}{2}}\Im\frac{\Phi'}{\Phi}(1-\sigma+Ti)d\sigma=-\int\limits_{1-a}^{\frac{1}{2}}\Im\frac{\Phi'}{\Phi}(\sigma+Ti)d\sigma$$

$$=\int\limits_{\frac{1}{2}}^{1-a}\Im\frac{\Phi'}{\Phi}(\sigma+Ti)d\sigma=\Im\int\limits_{\frac{1}{2}+Ti}^{1-a+Ti}\frac{\Phi'}{\Phi}(s)ds.$$

Somit transformiert sich (144) einstweilen in

$$\pi N(T)=\Im\int\limits_{a+qi}^{\frac{1}{2}+Ti}\frac{\Phi'}{\Phi}(s)ds+O(1), \tag{147}$$

erstreckt erst aufwärts bis $a+Ti$, dann nach links.

Nach (142) ist nun

$$\frac{\Phi'}{\Phi}(s)=\log A+\frac{r_1}{2}\frac{\Gamma'}{\Gamma}\left(\frac{s}{2}\right)+r_2\frac{\Gamma'}{\Gamma}(s)+\frac{\zeta'}{\zeta}(s),$$

und die einzelnen Glieder ergeben

$$\Im\int\limits_{a+qi}^{\frac{1}{2}+Ti}\log A\,ds=\Im\left(\left(\tfrac{1}{2}-a+(T-q)i\right)\log A\right)=(T-q)\log A=T\log A+O(1);$$

$$\Im\left(r_2\int\limits_{a+qi}^{\frac{1}{2}+Ti}\frac{\Gamma'}{\Gamma}(s)ds\right)=r_2\left(\Im\log\Gamma(\tfrac{1}{2}+Ti)-\Im\log\Gamma(a+qi)\right)$$

$$=r_2(T\log T-T)+O(1)$$

nach dem (nur für festes $\sigma=\frac{1}{2}$ verwerteten) Satz 163;

$$\Im\left(\frac{r_1}{2}\int\limits_{a+qi}^{\frac{1}{2}+Ti}\frac{\Gamma'}{\Gamma}\left(\frac{s}{2}\right)ds\right)=\frac{r_1}{2}\left(2\Im\log\Gamma\left(\frac{1}{4}+\frac{T}{2}i\right)-2\Im\log\Gamma\left(\frac{a}{2}+\frac{q}{2}i\right)\right)$$

$$=r_1\left(\frac{T}{2}\log\frac{T}{2}-\frac{T}{2}\right)+O(1),$$

gleichfalls nach Satz 163; ferner, weil $\frac{\zeta'}{\zeta}(s)$ nach Satz 172 eine für $\sigma = a$ absolut konvergente Reihe $\sum_{m=2}^{\infty} \frac{c_m}{m^s}$ ist,

$$\left| \Im \int_{a+\varrho i}^{a+Ti} \frac{\zeta'}{\zeta}(s)\, ds \right| = \left| \Im \int_{a+\varrho i}^{a+Ti} \sum_{m=2}^{\infty} \frac{c_m}{m^s}\, ds \right|$$

$$= \left| -\Im \sum_{m=2}^{\infty} \frac{c_m}{m^{a+Ti} \log m} + \Im \sum_{m=2}^{\infty} \frac{c_m}{m^{a+\varrho i} \log m} \right| \leqq 2 \sum_{m=2}^{\infty} \frac{|c_m|}{m^a \log m} = O(1).$$

Demnach lehrt (147)

$$\pi N(T) = T \log A + O(1) + \frac{r_1}{2} T \log T - \frac{r_1}{2} T \log 2$$

$$- \frac{r_1}{2} T + r_2 T \log T - r_2 T + \Im \int_{a+Ti}^{\frac{1}{2}+Ti} \frac{\zeta'}{\zeta}(s)\, ds,$$

also,

$$\Im \int_{a+Ti}^{\frac{1}{2}+Ti} \frac{\zeta'}{\zeta}(s)\, ds = K(T)$$

gesetzt (alles für „wurzelfreies" T),

$$N(T) = \frac{n}{2\pi} T \log T - \frac{n}{2\pi} T + \frac{\log A}{\pi} T - \frac{r_1 \log 2}{2\pi} T + O(1) + \frac{1}{\pi} K(T).$$

Hierin ist der Faktor von T

$$\frac{1}{2\pi}(-n + 2 \log A - r_1 \log 2)$$

$$= \frac{1}{2\pi}(-n - 2 r_2 \log 2 - n \log \pi + \log |\varDelta| - r_1 \log 2)$$

$$= \frac{1}{2\pi}(\log |\varDelta| - n - n \log 2\pi);$$

daher ist, wenn A_1, A_2 die Konstanten in (141) sind,

$$N(T) = A_1 T \log T + A_2 T + O(1) + \frac{1}{\pi} K(T).$$

(141) wird also bewiesen sein, wenn es gelingt, für irgend ein $a > 1$ bei „wurzelfreiem" T

(148) $$K(T) = O(\log T)$$

festzustellen. Und zugleich merken wir uns für später, daß aus

(149) $$\limsup_{T=\infty} \frac{|K(T)|}{\log T} \leqq \gamma$$

für „wurzelfrei" wachsendes T sich

(150) $$\limsup_{T=\infty} \frac{|N(T) - A_1 T \log T - A_2 T|}{\log T} \leqq \frac{\gamma}{\pi}$$

für „wurzelfrei" wachsendes T, also (wegen der oben zu (143) gemachten Bemerkung) auch für stetig wachsendes T ergibt.

Der Nachweis von (148) ist aber die Hauptschwierigkeit.

Die Zahl a war bisher beliebig > 1; ich verfüge nun über a so, daß

(151) $$\zeta(a) < \tfrac{3}{2}$$

ist; das kann ich, weil für $a > 2$

$$\zeta(a) - 1 = \sum_{m=2}^{\infty} \frac{F(m)}{m^a} = \sum_{m=2}^{\infty} \frac{F(m)}{m^2} \cdot \frac{1}{m^{a-2}} \leqq \frac{1}{2^{a-2}} \sum_{m=2}^{\infty} \frac{F(m)}{m^2}$$

ist, also für $a \rightarrow \infty$ gegen 0 strebt. Aus (151) folgt

(152) $$\Re\zeta(a + Ti) = 1 + \sum_{m=2}^{\infty} \Re \frac{F(m)}{m^{a+Ti}} \geqq 1 - \sum_{m=2}^{\infty} \frac{F(m)}{m^a} = 2 - \zeta(a) > \frac{1}{2}.$$

Ich nehme das „wurzelfreie" T alsbald $> 4a - 2$ an und wende Satz 167 an auf

$$G(s) = \tfrac{1}{2}(\zeta(s + Ti) + \zeta(s - Ti)), \; s_0 = a, \; R = 4a - 2.$$

$G(s)$ ist im Kreise $|s - a| \leqq 4a - 2$ regulär, da dort $\Im(s + Ti) \geqq T - (4a - 2) > 0$, $\Im(s - Ti) \leqq -T + (4a - 2) < 0$ ist. Ferner ist nach (152)

$$\mu = |G(a)| = |\Re\zeta(a + Ti)| > \tfrac{1}{2}.$$

Außerdem ist M höchstens gleich dem Maximum von $|\zeta(s)|$ in den beiden Kreisen um $a + Ti$ und $a - Ti$ mit dem Radius $4a - 2$, also, da aus Symmetriegründen nur der obere Kreis betrachtet zu werden braucht, wenn er zu einem Quadrate ergänzt wird, höchstens gleich dem Maximum von $|\zeta(s)|$ im Quadrate $-3a + 2 \leqq \sigma \leqq 5a - 2$, $T - 4a + 2 \leqq t \leqq T + 4a - 2$. Im Streifen $-3a + 2 \leqq \sigma \leqq 5a - 2$ ist aber nach Satz 171 für passendes Q

$$\zeta(s) = O(t^Q);$$

also ist

$$M = O((T + 4a - 2)^Q) = O(T^Q),$$

d. h. für $T > T_1$

$$M < T^{Q+1}.$$

Nach Satz 167 ist also für $T > T_1$ die Wurzelzahl v von $G(s)$ im Kreise $|s-a| \leqq \frac{R}{4} = a - \frac{1}{2}$ so beschaffen, daß

$$v \leqq \log \frac{M}{\mu} < \log(2T^{Q+1}) = \log 2 + (Q+1)\log T$$

ist; es ist daher

$$v = O(\log T).$$

A fortiori gilt also für die Wurzelzahl v_1 auf der dem Kreise $|s-a| \leqq a - \frac{1}{2}$ angehörigen reellen Strecke $\frac{1}{2} \leqq s \leqq a$

$$v_1 = O(\log T).$$

Auf dieser Strecke ist aber

$$G(s) = \Re\zeta(s + Ti).$$

Also verschwindet $\Re\zeta(s)$ auf dem Integrationswege $a + Ti$ bis $\frac{1}{2} + Ti$ in höchstens v_1 geometrisch verschiedenen Punkten. Daher ändert sich arc $\zeta(s)$ auf dieser Strecke höchstens um $(v_1+1)\pi$; denn das Bild, welches $\zeta(s)$ von dieser Strecke entwirft, läßt sich in $v_1 + 1$ Stücke zerlegen, so daß jedes dieser Stücke (ohne den Nullpunkt zu treffen) ganz einer der beiden Halbebenen $\Re\zeta \geqq 0$ oder $\Re\zeta \leqq 0$ angehört, und somit sich auf jedem Stück arc $\zeta(s)$ um höchstens π ändert. Daher ist

$$|K(T)| = |\operatorname{arc}\zeta(\tfrac{1}{2} + Ti) - \operatorname{arc}\zeta(a + Ti)| \leqq (v_1 + 1)\pi = O(\log T),$$

und (148), also Satz 173 ist bewiesen.

Satz 174: *Die über alle Wurzeln ϱ von $\zeta(s)$ im Streifen $0 \leqq \sigma \leqq 1$ (exkl. der etwaigen Wurzel $s = 0$) erstreckte Summe*

$$\sum_{\varrho} \frac{1}{|\varrho|^{1+\delta}}$$

konvergiert für alle $\delta > 0$.

Beweis: Dies braucht (da es jedenfalls nicht unendlich viele reelle Wurzeln zwischen 0 und 1 gibt) aus Symmetriegründen nur für die ϱ der oberen Halbebene bewiesen zu werden. Wenn diese, nach wachsenden Ordinaten geordnet, $\varrho_1 = \beta_1 + \gamma_1 i, \cdots, \varrho_k = \beta_k + \gamma_k i, \cdots$ genannt werden (wobei die Reihenfolge der ϱ mit gleicher Ordinate unerheblich ist), so folgt, weil nach Satz 173

$$N(T) = O(T^{1+\frac{\delta}{2}})$$

ist, bei wachsendem k

$$k \leqq N(\gamma_k) = O(\gamma_k^{1+\frac{\delta}{2}}),$$

$$\frac{1}{\gamma_k^{1+\frac{\delta}{2}}} = O\left(\frac{1}{k}\right),$$

$$\frac{1}{\gamma_k} = O\left(\frac{1}{\frac{1}{k^{1+\frac{\delta}{2}}}}\right),$$

$$\frac{1}{|\varrho_k|^{1+\delta}} \leqq \frac{1}{\gamma_k^{1+\delta}} = O\left(\frac{1}{\frac{1+\delta}{k^{1+\frac{\delta}{2}}}}\right) = O\left(\frac{1}{k^{1+\frac{\delta}{2+\delta}}}\right),$$

so daß die Summe über k konvergiert.

§ 16. Produktzerlegung der ganzen Funktion $(s-1)\,\zeta(s)$.

Satz 175: *Bei gegebenem* $\delta > 0$ *genügt die durch* (142) *definierte Funktion* $\Phi(s)$ *für alle hinreichend großen* $|s|$, *welches auch* arc s *sei, der Ungleichung*

(153) $$|\Phi(s)| < e^{|s|^{1+\delta}}.$$

Beweis: Wegen

(145) $$\Phi(s) = \Phi(1-s)$$

genügt es, (153) für alle hinreichend großen $|s|$ mit $\sigma \geqq \frac{1}{2}$ zu zeigen; denn für $\sigma < \frac{1}{2}$ ist alsdann, wenn nur $|s|$ hinreichend groß ist,

$$|\Phi(s)| < e^{|1-s|^{1+\frac{\delta}{2}}} < e^{(|s|+|s|)^{1+\frac{\delta}{2}}} = e^{2^{1+\frac{\delta}{2}}|s|^{1+\frac{\delta}{2}}} < e^{|s|^{1+\delta}}.$$

Da $|\Phi(s)|$ nach Satz 155, 5. für $\frac{1}{2} \leqq \sigma \leqq 2$, $t \geqq 1$ beschränkt ist, brauche ich nur die Halbebene $\sigma \geqq 2$ zu betrachten. In

(142) $$\Phi(s) = A^s\left(\Gamma\left(\frac{s}{2}\right)\right)^{r_1}(\Gamma(s))^{r_2}\,\zeta(s)$$

ist nun erstens für $\sigma \geqq 2$

$$|A^s| = A^\sigma \leqq (\text{Max.}(1,\,A))^\sigma \leqq (\text{Max.}(1,\,A))^{|s|},$$

also, wenn obendrein $|s|$ hinreichend groß ist,

$$|A^s| < e^{|s|^{1+\frac{\delta}{2}}};$$

zweitens für $\sigma \geqq 1$

$$|\Gamma(s)| = \left|\int_0^\infty e^{-y}y^{s-1}dy\right| \leqq \int_0^\infty e^{-y}y^{\sigma-1}dy = \int_0^1 e^{-y}y^{\sigma-1}dy + \int_1^\infty e^{-y}y^{\sigma-1}dy$$

$$< \int_0^1 e^{-y}dy + \int_1^\infty e^{-y}y^{[\sigma]}dy < \int_0^1 dy + \int_0^\infty e^{-y}y^{[\sigma]}dy = 1 + [\sigma]! \leqq 1 + [\sigma]^{[\sigma]}$$

$$\leqq 1 + |s|^{|s|} = 1 + e^{|s|\log|s|},$$

also, wenn nur $|s|$ hinreichend groß ist,

$$|\Gamma(s)| < e^{|s|^{1+\frac{\delta}{2}}};$$

drittens nach dem eben Gefundenen für $\sigma \geqq 2$

$$\left|\Gamma\left(\frac{s}{2}\right)\right| \leqq 1 + e^{\left|\frac{s}{2}\right| \log \left|\frac{s}{2}\right|},$$

also bei hinreichend großem $|s|$

$$\left|\Gamma\left(\frac{s}{2}\right)\right| < e^{|s|^{1+\frac{\delta}{2}}};$$

viertens für $\sigma \geqq 2$

$$|\zeta(s)| \leqq \zeta(2).$$

Für $\sigma \geqq 2$, $|s| > \omega = \omega(\delta)$ ist also

$$|\Phi(s)| < e^{(1+r_1+r_2)|s|^{1+\frac{\delta}{2}}} \zeta(2) < e^{|s|^{1+\delta}}.$$

Satz 176: *In der ganzen Funktion*

$$s(s-1)\,\Phi(s) = \Psi(s),$$

welche nach (145) *der Funktionalgleichung*

$$\Psi(s) = \Psi(1-s)$$

genügt, werde

$$s = \tfrac{1}{2} + zi$$

gesetzt (wo z eine komplexe Variable ist); in der entstehenden, wegen

$$\Omega(z) = \Psi(\tfrac{1}{2} + zi) = \Psi(\tfrac{1}{2} - zi) = \Omega(-z)$$

geraden ganzen Funktion $\Omega(z)$ *werde* $z^2 = x$ *gesetzt. Behauptet wird, daß*

$$\Omega(z) = G(x)$$

eine solche ganze Funktion von x ist, daß bei gegebenem $\delta > 0$ *für alle hinreichend großen* $|x|$ *(welches auch* arc x *sei)*

$$|G(x)| < e^{|x|^{\frac{1}{2}+\delta}}$$

ist.

Beweis: Für alle hinreichend großen $|x|$ ist $|s| = |\frac{1}{2} + zi| \geqq |z| - \frac{1}{2} = \sqrt{|x|} - \frac{1}{2}$ beliebig groß, also nach Satz 175

$$|G(x)| < (\tfrac{1}{2} + \sqrt{|x|})(\tfrac{1}{2} + \sqrt{|x|})\, e^{\left(\frac{1}{2}+\sqrt{|x|}\right)^{1+\delta}} < e^{|x|^{\frac{1}{2}+\delta}}.$$

Satz 177: *$G(x)$ ist keine ganze rationale Funktion.*

Vorbemerkung: Dies folgt schon aus Satz 173, läßt sich aber leicht direkt beweisen.

Beweis: Sonst wäre $\Omega(z)$ eine ganze rationale Funktion von z, also $\Psi(s)$ eine ganze rationale Funktion von s, während für $s > 2$

$$\Psi(s) > 2 \cdot 1 \cdot \Phi(s) > 2A^s \left(\Gamma\left(\frac{s}{2}\right)\right)^{r_1} (\Gamma(s))^{r_2}$$

ist, also für unendlich wachsendes positives s stärker als jede Potenz von s unendlich wird; in der Tat ist für $s > 1$

$$\Gamma(s) > \int_s^\infty e^{-u} u^{s-1} du > s^{s-1} \int_s^\infty e^{-u} du = s^{s-1} e^{-s},$$

also für $s > 2$

$$\Gamma\left(\frac{s}{2}\right) > \left(\frac{s}{2}\right)^{\frac{s}{2}-1} e^{-\frac{s}{2}},$$

$$\Psi(s) > 2A^s \left(\frac{s}{2}\right)^{r_1\left(\frac{s}{2}-1\right)} e^{-\frac{r_1}{2}s} s^{r_2(s-1)} e^{-r_2 s} = e^{c_1 + c_2 \log s + c_3 s + \frac{n}{2} s \log s},$$

also bei jedem reellen k für $s > s_0(k)$

$$\Psi(s) > e^{k \log s} = s^k.$$

Satz 178: *Die Funktion $G(x)$ des Satzes 176 hat unendlich viele Wurzeln. Die über die von 0 verschiedenen Wurzeln $\xi_1, \xi_2, \cdots$ erstreckte Summe*

$$\sum_{k=1}^\infty \frac{1}{|\xi_k|} \tag{154}$$

konvergiert, und es ist, wenn $l \geqq 0$ die Ordnung der etwaigen Wurzel 0 ist,

$$G(x) = c_0 x^l \prod_{k=1}^\infty \left(1 - \frac{x}{\xi_k}\right). \tag{155}$$

Beweis: Ich wende Satz 169 auf $g(x) = \frac{G(x)}{x^l}$ an. $g(x)$ ist nach Satz 177 nicht rational; nach Satz 176 mit $\delta = \frac{1}{4}$ ist für $|x| > \omega$

$$|G(x)| < e^{|x|^{\frac{3}{4}}},$$

also für $|x| > \text{Max.}(\omega, 1)$

$$|g(x)| < e^{|x|^{\frac{3}{4}}},$$

also für alle x bei passender Wahl von B

$$|g(x)| < B e^{|x|^{\frac{3}{4}}}.$$

Satz 179: *Es ist, wenn* ϱ *die von* $0, -1, -2, \cdots$ *verschiedenen Wurzeln von* $\zeta(s)$ *durchläuft (deren Existenz aus Satz* 173 *bekannt ist und durch Satz* 178 *nochmals bewiesen wurde),*

$$(156) \qquad \sum_{\varrho} \frac{1}{|\varrho|^2}$$

konvergent (was auch aus Satz 174 *bekannt ist) und bei beliebiger Anordnung der* ϱ

$$(157) \qquad \left(\Gamma\left(\frac{s}{2}\right)\right)^{r_1} (\Gamma(s))^{r_2} (s-1)\zeta(s) = a e^{bs} s^{-1} \prod_{\varrho} \left(1 - \frac{s}{\varrho}\right) e^{\frac{s}{\varrho}},$$

also wegen

$$\frac{1}{\Gamma(s)} = e^{Cs} s \prod_{m=1}^{\infty} \left(1 + \frac{s}{m}\right) e^{-\frac{s}{m}}$$

für die ganze Funktion $(s-1)\,\zeta(s)$ *die* Weierstraß*sche Produktzerlegung*

$$(s-1)\,\zeta(s) = a_1 e^{b_1 s} s^r \left(\prod_{m=1}^{\infty} \left(1 + \frac{s}{2m}\right) e^{-\frac{s}{2m}}\right)^{r_1} \left(\prod_{m=1}^{\infty} \left(1 + \frac{s}{m}\right) e^{-\frac{s}{m}}\right)^{r_2} \prod_{\varrho} \left(1 - \frac{s}{\varrho}\right) e^{\frac{s}{\varrho}}$$

$$= a_1 e^{b_1 s} s^r \prod_{\tau} \left(1 - \frac{s}{\tau}\right) e^{\frac{s}{\tau}},$$

wo τ *in beliebiger Reihenfolge alle Wurzeln* $\neq 0$ *von* $\zeta(s)$ *durchläuft.*

Beweis: Je zwei $\varrho \neq \frac{1}{2}$ entsprechen einem $\xi = \xi_k$ des Satzes 178 mittels $\varrho = \frac{1}{2} \pm \sqrt{\xi_k}\, i$, einem mehrfachen ξ_k natürlich Paare von ϱ in gleicher Vielfachheit. Weil (154) konvergiert, konvergiert (156). Das Produkt

$$\prod_{\varrho} \left(1 - \frac{s}{\varrho}\right) e^{\frac{s}{\varrho}} = \psi(s)$$

konvergiert also unabhängig von der Reihenfolge der ϱ und stellt eine ganze Funktion dar. Ich fasse hierin je zwei durch $\varrho' + \varrho'' = 1$ verbundene $\varrho \neq \frac{1}{2}$ zusammen. $\varrho = \frac{1}{2}$ hat die Vielfachheit $2l$, wo l dieselbe Bedeutung wie im Satz 178 hat. Dann ist bei beliebiger Reihenfolge der ϱ'

$$(158) \qquad \psi(s) = (1-2s)^{2l} e^{A_1 s} \prod_{\varrho'} \left(1 - \frac{s}{\varrho'}\right) \left(1 - \frac{s}{\varrho''}\right) e^{s\left(\frac{1}{\varrho'} + \frac{1}{\varrho''}\right)};$$

nun ist erstens

$$\sum_{\varrho'} \left(\frac{1}{\varrho'} + \frac{1}{\varrho''}\right) = \sum_{\varrho'} \left(\frac{1}{\varrho'} + \frac{1}{1-\varrho'}\right) = \sum_{\varrho'} \frac{1}{\varrho'(1-\varrho')}$$

absolut konvergent (weil (156) konvergiert); zweitens wegen $\varrho' + \varrho'' = 1$, $\varrho'\varrho'' = \frac{1}{4} + \xi_k$

$$\left(1 - \frac{s}{\varrho'}\right)\left(1 - \frac{s}{\varrho''}\right) = 1 - \frac{s}{\frac{1}{4} + \xi_k} + \frac{s^2}{\frac{1}{4} + \xi_k} = \frac{1}{\frac{1}{4} + \xi_k}\left(\frac{1}{4} + \xi_k - s + s^2\right)$$

$$= \frac{1}{\frac{1}{4} + \xi_k}\left(\xi_k + \left(s - \frac{1}{2}\right)^2\right) = \frac{1}{1 + \frac{1}{4\xi_k}}\left(1 + \frac{(s - \frac{1}{2})^2}{\xi_k}\right);$$

drittens

$$\prod_{k=1}^{\infty} \frac{1}{1 + \frac{1}{4\xi_k}}$$

gegen einen von 0 verschiedenen Wert konvergent, weil $\sum_{k=1}^{\infty} \frac{1}{4|\xi_k|}$ konvergiert; (158) ergibt also

$$\psi(s) = (1 - 2s)^{2l} e^{4ls} a_2 e^{b_2 s} \prod_{k=1}^{\infty}\left(1 + \frac{(s - \frac{1}{2})^2}{\xi_k}\right).$$

Nun war

(155) $$G(x) = c_0 x^l \prod_{k=1}^{\infty}\left(1 - \frac{x}{\xi_k}\right);$$

also ist die Funktion aus Satz 176

$$\Psi(s) = G\left(-\left(s - \frac{1}{2}\right)^2\right) = c_0(-1)^l\left(s - \frac{1}{2}\right)^{2l} \prod_{k=1}^{\infty}\left(1 + \frac{(s - \frac{1}{2})^2}{\xi_k}\right) = a_3 e^{b_3 s}\psi(s),$$

$$\left(\Gamma\left(\frac{s}{2}\right)\right)^{r_1}(\Gamma(s))^{r_2}(s-1)\zeta(s) = (s-1)A^{-s}\Phi(s) = s^{-1}A^{-s}\Psi(s) = a e^{bs} s^{-1}\psi(s),$$

was zu beweisen war.

Satz 180: *In der ganzen Ebene ist*

$$\frac{\zeta'}{\zeta}(s) = b - \frac{1}{s-1} - \frac{1}{s} - \frac{r_1}{2}\frac{\Gamma'}{\Gamma}\left(\frac{s}{2}\right) - r_2\frac{\Gamma'}{\Gamma}(s) + \sum_{\varrho}\left(\frac{1}{s-\varrho} + \frac{1}{\varrho}\right)$$

(wo die Reihe, deren allgemeines Glied $\frac{s}{(s-\varrho)\varrho}$ *ist, eo ipso absolut konvergiert, da* (156) *konvergiert).*

Beweis: Dies folgt durch logarithmisches Differentiieren von (157), was beim Weierstraßschen Produkt $\prod_{\varrho}$ bekanntlich faktorenweise geschehen kann.

§ 17. Nochmals $N(T)$.

Satz 181: *$N(T)$ habe die Bedeutung aus Satz 173. Wenn α_1, desgl. nachher $\alpha_2, \cdots$ eine absolute positive Konstante und λ_1, desgl. nachher $\lambda_2, \cdots$ eine nur vom Körper abhängige positive Konstante bezeichnet, so ist für $T \geqq 2$ erstens*

$$N(T+1) - N(T-1) < \lambda_1 + n\alpha_1 \log T; \tag{159}$$

zweitens, wenn ϱ in Σ' nur alle Wurzeln $\beta + \gamma i$ mit $|T-\gamma| \geqq 1$ durchläuft (also alle im kritischen Streifen, aus dem das Rechteck der Höhe 2 mit der Mittellinie $t = T$ herausgenommen ist),

$$\sum_\varrho{}' \frac{1}{(T-\gamma)^2} < \lambda_2 + n\alpha_2 \log T. \tag{160}$$

Beweis: Nach Satz 164 (wenn er nur auf $\sigma = 2$ und $\sigma = 1$ angewendet wird) ist für $s = 2 + Ti$, $T \geqq 2$

$$\left|\frac{\Gamma'}{\Gamma}(s)\right| < \alpha_3 \log T$$

und

$$\left|\frac{\Gamma'}{\Gamma}\left(\frac{s}{2}\right)\right| < \alpha_4 \log T;$$

ferner ist für $s = 2 + Ti$, $T \geqq 2$ nach Satz 172

$$\left|\frac{\zeta'}{\zeta}(s)\right| \leqq -\frac{\zeta'}{\zeta}(2) = \lambda_3.$$

Dort ist ferner

$$\left|b - \frac{1}{s-1} - \frac{1}{s}\right| < |b| + 1 + 1 = \lambda_4,$$

mithin nach Satz 180, wenn $\lambda_3 + \lambda_4 = \lambda_5$ gesetzt wird.

$$\left|\sum_\varrho\left(\frac{1}{s-\varrho} + \frac{1}{\varrho}\right)\right| < \lambda_3 + \lambda_4 + \frac{r_1}{2}\alpha_4 \log T + r_2\alpha_3 \log T < \lambda_5 + n\alpha_5 \log T,$$

$$\sum_\varrho \Re\left(\frac{1}{s-\varrho} + \frac{1}{\varrho}\right) < \lambda_5 + n\alpha_5 \log T.$$

Nun ist ebenda wegen $0 \leqq \beta \leqq 1$

$$\Re\left(\frac{1}{s-\varrho} + \frac{1}{\varrho}\right) = \Re\left(\frac{1}{2+Ti-\beta-\gamma i} + \frac{1}{\beta+\gamma i}\right) = \frac{2-\beta}{(2-\beta)^2 + (T-\gamma)^2} + \frac{\beta}{\beta^2+\gamma^2}$$

$$\geqq \frac{2-\beta}{(2-\beta)^2 + (T-\gamma)^2} \geqq \frac{1}{4+(T-\gamma)^2} \geqq \frac{1}{4+4(T-\gamma)^2} = \frac{1}{4}\,\frac{1}{1+(T-\gamma)^2},$$

also für $T \geqq 2$

$$\sum_\varrho \frac{1}{1+(T-\gamma)^2} < 4\lambda_5 + 4n\alpha_5 \log T = \lambda_6 + n\alpha_6 \log T. \tag{161}$$

1. In (161) gibt es $N(T+1) - N(T-1)$ Glieder mit $T-1 < \gamma \leqq T+1$. Für jedes derselben ist

$$\frac{1}{1+(T-\gamma)^2} \geqq \frac{1}{1+1} = \frac{1}{2}.$$

Also ist

$$N(T+1) - N(T-1) < 2(\lambda_6 + n\alpha_6 \log T) = \lambda_1 + n\alpha_1 \log T.$$

2. Für $|T-\gamma| \geqq 1$ ist

$$\frac{1}{1+(T-\gamma)^2} \geqq \frac{1}{(T-\gamma)^2+(T-\gamma)^2} = \frac{1}{2(T-\gamma)^2},$$

also

$$\sum_\varrho{}' \frac{1}{(T-\gamma)^2} < 2(\lambda_6 + n\alpha_6 \log T) = \lambda_2 + n\alpha_2 \log T.$$

Satz 182: *Für* $s = \sigma + Ti$, $-1 \leqq \sigma \leqq 2$, $T \geqq 2$ *ist*

$$\left|\sum_\varrho{}' \left(\frac{1}{s-\varrho} + \frac{1}{\varrho}\right)\right| < \lambda_7 + n\alpha_7 \log T,$$

wo Σ' *dieselbe Bedeutung wie im Satz* 181 *hat.*

Beweis: Nach Satz 180 ist

$$\frac{\zeta'}{\zeta}(s+3) = b - \frac{1}{s+2} - \frac{1}{s+3} - \frac{r_1}{2}\frac{\Gamma'}{\Gamma}\left(\frac{3}{2}+\frac{s}{2}\right) - r_2\frac{\Gamma'}{\Gamma}(3+s) + \sum_\varrho \left(\frac{1}{s+3-\varrho} + \frac{1}{\varrho}\right);$$

nach Satz 164 ist für $-1 \leqq \sigma \leqq 2$, $T \geqq 2$

$$\left|\frac{\Gamma'}{\Gamma}(3+s)\right| < \alpha_8 \log T$$

und

$$\left|\frac{\Gamma'}{\Gamma}\left(\frac{3}{2}+\frac{s}{2}\right)\right| < \alpha_9 \log T,$$

also, wegen

$$\left|\frac{\zeta'}{\zeta}(s+3)\right| \leqq -\frac{\zeta'}{\zeta}(2) = \lambda_3$$

nebst

$$\left|b - \frac{1}{s+2} - \frac{1}{s+3}\right| < |b| + 1 + 1 = \lambda_4,$$

$$\left|\sum_\varrho \left(\frac{1}{s+3-\varrho} + \frac{1}{\varrho}\right)\right| < \lambda_5 + n\alpha_{10} \log T.$$

Die Anzahl der Glieder dieser Summe mit $|T-\gamma| < 1$, d. h. $T-1 < \gamma < T+1$, ist $\leqq N(T+1) - N(T-1)$, also $< \lambda_1 + n\alpha_1 \log T$ nach (159); jedes dieser Glieder mit $|T-\gamma| < 1$ ist wegen $\Re(s+3-\varrho) = \sigma + 3 - \beta \geqq -1 + 3 - 1 = 1$ und $\Im(\varrho) > T - 1 \geqq 1$ absolut $< \frac{1}{1} + \frac{1}{1} = 2$. Daher ist

$$(162) \quad \left|\sum_\varrho{}' \left(\frac{1}{s+3-\varrho} + \frac{1}{\varrho}\right)\right| < \lambda_5 + n\alpha_{10} \log T + 2(\lambda_1 + n\alpha_1 \log T) = \lambda_8 + n\alpha_{11} \log T.$$

Nun ist

$$\left|\sum_\varrho{}'\left(\frac{1}{s-\varrho}+\frac{1}{\varrho}\right)-\sum_\varrho{}'\left(\frac{1}{s+3-\varrho}+\frac{1}{\varrho}\right)\right|=\left|\sum_\varrho{}'\left(\frac{1}{s-\varrho}-\frac{1}{s+3-\varrho}\right)\right|$$

$$=\left|\sum_\varrho{}'\frac{3}{(s-\varrho)(s+3-\varrho)}\right|\leqq\sum_\varrho{}'\frac{3}{|(s-\varrho)(s+3-\varrho)|}$$

$$\leqq\sum_\varrho{}'\frac{3}{|\mathfrak{I}(s-\varrho)|\,|\mathfrak{I}(s+3-\varrho)|}=\sum_\varrho{}'\frac{3}{|T-\gamma|^2},$$

also nach (160)

(163) $$<3(\lambda_2+n\alpha_2\log T)=\lambda_9+n\alpha_{12}\log T.$$

Aus (162) und (163) folgt schließlich

$$\left|\sum_\varrho{}'\left(\frac{1}{s-\varrho}+\frac{1}{\varrho}\right)\right|<(\lambda_8+\lambda_9)+n(\alpha_{11}+\alpha_{12})\log T=\lambda_7+n\alpha_7\log T.$$

Satz 183:

$$\limsup_{T=\infty}\frac{\left|N(T)-\frac{n}{2\pi}\,T\log T-\frac{\log|\varDelta|-n-n\log 2\pi}{2\pi}\,T\right|}{\log T}\leqq n\alpha_{13}.$$

Beweis: Nach der oben über (149) und (150) gemachten Bemerkung genügt es, für „wurzelfrei“ wachsendes T

(164) $$\limsup_{T=\infty}\frac{\left|\mathfrak{I}\int\limits_{2+Ti}^{\frac12+Ti}\frac{\zeta'}{\zeta}(s)\,ds\right|}{\log T}\leqq n\alpha_{14}$$

zu beweisen.

Ich gehe von der Formel des Satzes 180 aus, in der ich noch $\sum\limits_\varrho$ in $\sum\limits_\varrho{}'+\sum\limits_\varrho{}''$ zerlege, wo also $\sum\limits_\varrho{}''$ sich auf die etwaigen ϱ mit $|T-\gamma|<1$ bezieht:

(165) $$\begin{cases}\dfrac{\zeta'}{\zeta}(s)=b-\dfrac{1}{s-1}-\dfrac{1}{s}-\dfrac{r_1}{2}\dfrac{\Gamma'}{\Gamma}\left(\dfrac{s}{2}\right)-r_2\dfrac{\Gamma'}{\Gamma}(s)\\ \qquad+\sum\limits_\varrho{}'\left(\dfrac{1}{s-\varrho}+\dfrac{1}{\varrho}\right)+\sum\limits_\varrho{}''\left(\dfrac{1}{s-\varrho}+\dfrac{1}{\varrho}\right).\end{cases}$$

Auf dem Wege $2+Ti$ bis $\frac12+Ti$ ist für $T\geqq 2$ erstens

$$\left|b-\frac{1}{s-1}-\frac{1}{s}\right|<\lambda_{10},$$

zweitens nach Satz 164

$$\left| -\frac{r_1}{2}\frac{\Gamma'}{\Gamma}\left(\frac{s}{2}\right) - r_2\frac{\Gamma'}{\Gamma}(s)\right| < n\alpha_{15}\log T,$$

drittens nach Satz 182

$$\left|\sum_\varrho{}'\left(\frac{1}{s-\varrho}+\frac{1}{\varrho}\right)\right| < \lambda_7 + n\alpha_7 \log T;$$

daher ist

$$\left|\Im\int_{2+Ti}^{\frac{1}{2}+Ti}\left(b - \frac{1}{s-1} - \frac{1}{s} - \frac{r_1}{2}\frac{\Gamma'}{\Gamma}\left(\frac{s}{2}\right) - r_2\frac{\Gamma'}{\Gamma}(s) + \sum_\varrho{}'\left(\frac{1}{s-\varrho}+\frac{1}{\varrho}\right)\right)ds\right|$$

(166) $$< \tfrac{3}{2}(\lambda_{10} + n\alpha_{15}\log T + \lambda_7 + n\alpha_7\log T) = \lambda_{11} + n\alpha_{16}\log T.$$

Die Summe $\sum\limits_\varrho{}''$ hat nach (159) weniger als $\lambda_1 + n\alpha_1 \log T$ Glieder; für jedes ist

$$\left|\Im\int_{2+Ti}^{\frac{1}{2}+Ti}\frac{ds}{s-\varrho}\right| < \pi,$$

$$\left|\Im\int_{2+Ti}^{\frac{1}{2}+Ti}\frac{ds}{\varrho}\right| \leqq \frac{3}{2}\frac{1}{|\varrho|} < \frac{3}{2}\frac{1}{T-1} \leqq \frac{3}{2};$$

daher ist

$$\left|\Im\int_{2+Ti}^{\frac{1}{2}+Ti}\sum_\varrho{}''\left(\frac{1}{s-\varrho}+\frac{1}{\varrho}\right)ds\right| = \left|\sum_\varrho{}''\left(\Im\int_{2+Ti}^{\frac{1}{2}+Ti}\frac{ds}{s-\varrho} + \Im\int_{2+Ti}^{\frac{1}{2}+Ti}\frac{ds}{\varrho}\right)\right|$$

$$\leqq \sum_\varrho{}''\left(\left|\Im\int_{2+Ti}^{\frac{1}{2}+Ti}\frac{ds}{s-\varrho}\right| + \left|\Im\int_{2+Ti}^{\frac{1}{2}+Ti}\frac{ds}{\varrho}\right|\right)$$

(167) $$< \left(\pi + \frac{3}{2}\right)(\lambda_1 + n\alpha_1\log T) = \lambda_{12} + n\alpha_{17}\log T.$$

Aus (165), (166) und (167) folgt für „wurzelfreies“ $T \geqq 2$

$$\left|\Im\int_{2+Ti}^{\frac{1}{2}+Ti}\frac{\zeta'}{\zeta}(s)ds\right| < (\lambda_{11}+\lambda_{12}) + n(\alpha_{16}+\alpha_{17})\log T = \lambda_{13} + n\alpha_{18}\log T,$$

(164) $$\limsup_{T=\infty}\frac{\left|\Im\int_{2+Ti}^{\frac{1}{2}+Ti}\frac{\zeta'}{\zeta}(s)\,ds\right|}{\log T} \leqq n\alpha_{14}.$$

§ 18. Nichtverschwinden von $\zeta(s)$ in einem Teile des kritischen Streifens.

Satz 184: *$\zeta(s)$ hat keine Nullstelle auf der Geraden $\sigma = 1$; also zufolge der Funktionalgleichung auch keine auf der Geraden $\sigma = 0$, abgesehen etwa von $s = 0$.*

Beweis: Für $\sigma > 1$ ist nach Satz 172

$$-\frac{\zeta'}{\zeta}(s) = \sum_{\mathfrak{p}, m} \frac{\log N\mathfrak{p}}{N\mathfrak{p}^{ms}}.$$

Für $\sigma > 1$, $t \gtreqless 0$ ist also

$$-\frac{\zeta'}{\zeta}(\sigma + ti) = \sum_{\mathfrak{p}, m} \frac{\log N\mathfrak{p}}{N\mathfrak{p}^{m(\sigma + ti)}},$$

$$-\Re\frac{\zeta'}{\zeta}(\sigma + ti) = \sum_{\mathfrak{p}, m} \frac{\log N\mathfrak{p} \cos(mt \log N\mathfrak{p})}{N\mathfrak{p}^{m\sigma}},$$

$$-\Re\frac{\zeta'}{\zeta}(\sigma + 2ti) = \sum_{\mathfrak{p}, m} \frac{\log N\mathfrak{p} \cos(2mt \log N\mathfrak{p})}{N\mathfrak{p}^{m\sigma}},$$

$$-\frac{\zeta'}{\zeta}(\sigma) = \sum_{\mathfrak{p}, m} \frac{\log N\mathfrak{p}}{N\mathfrak{p}^{m\sigma}}.$$

Für jedes reelle φ ist

(168) $$3 + 4\cos\varphi + \cos 2\varphi = 3 + 4\cos\varphi + 2\cos^2\varphi - 1 = 2(1 + \cos\varphi)^2 \geqq 0;$$

daher ist für $\sigma > 1$, $t \gtreqless 0$

$$-3\frac{\zeta'}{\zeta}(\sigma) - 4\Re\frac{\zeta'}{\zeta}(\sigma + ti) - \Re\frac{\zeta'}{\zeta}(\sigma + 2ti)$$

(169) $$= \sum_{\mathfrak{p}, m} \frac{\log N\mathfrak{p}\,(3 + 4\cos(mt \log N\mathfrak{p}) + \cos(2mt \log N\mathfrak{p}))}{N\mathfrak{p}^{m\sigma}} \geqq 0.$$

Es sei nun ein $1 + t_0 i$, $t_0 \gtrless 0$, Nullstelle und zwar $k$ter Ordnung ($k \geqq 1$); das zugehörige $1 + 2t_0 i$ sei Nullstelle $l$ter Ordnung ($l \geqq 0$), d. h. im Falle $l = 0$ nicht Nullstelle. Aus

$$\lim_{s=1}(s-1)\frac{\zeta'}{\zeta}(s) = -1, \lim_{s=1+t_0 i}(s-(1+t_0 i))\frac{\zeta'}{\zeta}(s) = k, \lim_{s=1+2t_0 i}(s-(1+2t_0 i))\frac{\zeta'}{\zeta}(s) = l$$

folgt für $\sigma \to 1$ (von rechts)

$$(\sigma - 1)\frac{\zeta'}{\zeta}(\sigma) \to -1,\ (\sigma - 1)\frac{\zeta'}{\zeta}(\sigma + t_0 i) \to k,\ (\sigma - 1)\frac{\zeta'}{\zeta}(\sigma + 2t_0 i) \to l,$$

$$(\sigma - 1)\Re\frac{\zeta'}{\zeta}(\sigma + t_0 i) \to k,\ (\sigma - 1)\Re\frac{\zeta'}{\zeta}(\sigma + 2t_0 i) \to l,$$

also nach (169), wenn erst mit $\sigma - 1$ multipliziert und dann zur Grenze übergegangen wird,

$$3 - 4k - l \geqq 0,$$

$$k \leqq \frac{3-l}{4} \leqq \frac{3}{4},$$

was mit $k \geqq 1$ in Widerspruch steht.

Satz 185: *Es gibt eine positive absolute Konstante α_{19} und ein nur vom Körper abhängiges positives λ_{14} derart, daß für*

$$\sigma \geqq 1 - \frac{1}{n\alpha_{19}\log t}, \; t \geqq \lambda_{14}$$

$$\zeta(s) \neq 0$$

ist.

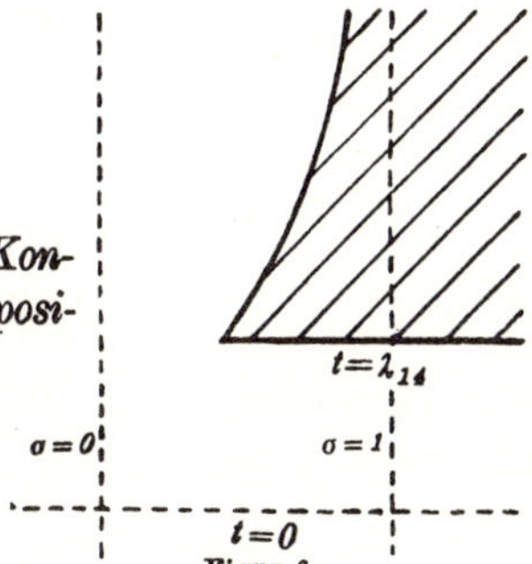

Figur 6.

Beweis: Für $1 < \sigma < 2$, $t \geqq 2$ ist nach Satz 180 und Satz 164

$$\Re\frac{\zeta'}{\zeta}(s) > -\lambda_{15} - n\alpha_{20}\log t + \sum_{\varrho}\Re\left(\frac{1}{s-\varrho} + \frac{1}{\varrho}\right),$$

$$-\Re\frac{\zeta'}{\zeta}(s) < \lambda_{15} + n\alpha_{20}\log t - \sum_{\varrho}\Re\left(\frac{1}{s-\varrho} + \frac{1}{\varrho}\right);$$

wegen

$$\Re\left(\frac{1}{s-\varrho} + \frac{1}{\varrho}\right) = \frac{\sigma-\beta}{(\sigma-\beta)^2+(t-\gamma)^2} + \frac{\beta}{\beta^2+\gamma^2} > \frac{\sigma-\beta}{(\sigma-\beta)^2+(t-\gamma)^2}$$

ist also

$$\sum_{\mathfrak{p},m}\frac{\log N\mathfrak{p}\cos(mt\log N\mathfrak{p})}{N\mathfrak{p}^{m\sigma}} = -\Re\frac{\zeta'}{\zeta}(s)$$

(170) $$< \lambda_{15} + n\alpha_{20}\log t - \sum_{\varrho}\frac{\sigma-\beta}{(\sigma-\beta)^2+(t-\gamma)^2}.$$

Aus (170) folgt zunächst wegen $\sum\limits_{\varrho} > 0$ für $1 < \sigma < 2$, $t \geqq 2$

(171) $$-\Re\frac{\zeta'}{\zeta}(\sigma + ti) < \lambda_{15} + n\alpha_{20}\log t.$$

Nun sei $\beta_0 + \gamma_0 i$ irgend eine bestimmte Nullstelle mit $\gamma_0 \geqq 2$. Dann folgt wegen

$$\sum_{\varrho}\frac{\sigma-\beta}{(\sigma-\beta)^2+(t-\gamma)^2} > \frac{\sigma-\beta_0}{(\sigma-\beta_0)^2+(t-\gamma_0)^2}$$

aus (170), wenn dort $t = \gamma_0$ eingesetzt wird, für $1 < \sigma < 2$

(172) $$\sum_{\mathfrak{p},m}\frac{\log N\mathfrak{p}\cos(m\gamma_0\log N\mathfrak{p})}{N\mathfrak{p}^{m\sigma}} < \lambda_{15} + n\alpha_{20}\log\gamma_0 - \frac{1}{\sigma-\beta_0}.$$

Außerdem ist nach (171), $t = 2\gamma_0$ eingesetzt, für $1 < \sigma < 2$

(173) $$\sum_{\mathfrak{p}, m} \frac{\log N\mathfrak{p} \cos(2m\gamma_0 \log N\mathfrak{p})}{N\mathfrak{p}^{m\sigma}} < \lambda_{15} + n\alpha_{20} \log(2\gamma_0) = \lambda_{16} + n\alpha_{20} \log \gamma_0;$$

ferner ist (weil $\zeta(s)$ in $s = 1$ einen Pol erster Ordnung hat) für $1 < \sigma < 2$

(174) $$\sum_{\mathfrak{p}, m} \frac{\log N\mathfrak{p}}{N\mathfrak{p}^{m\sigma}} < \lambda_{17} + \frac{1}{\sigma - 1}.$$

Aus (172), (173), (174) folgt, wenn mit 4, 1, 3 multipliziert und addiert wird, wegen (168)

$$0 < 4\lambda_{15} + 4n\alpha_{20} \log \gamma_0 - \frac{4}{\sigma - \beta_0} + \lambda_{16} + n\alpha_{20} \log \gamma_0 + 3\lambda_{17} + \frac{3}{\sigma - 1}$$

$$= \lambda_{18} + n\alpha_{21} \log \gamma_0 + \frac{3}{\sigma - 1} - \frac{4}{\sigma - \beta_0},$$

$$\frac{1}{\sigma - \beta_0} < \lambda_{18} + n\alpha_{21} \log \gamma_0 + \frac{3}{4} \frac{1}{\sigma - 1},$$

also für $\gamma_0 \geqq \lambda_{14}$, $1 < \sigma < 2$ (indem etwa $\alpha_{22} = \alpha_{21} + 1$ gesetzt wird)

(175) $$\frac{1}{\sigma - \beta_0} < n\alpha_{22} \log \gamma_0 + \frac{3}{4} \frac{1}{\sigma - 1}.$$

Hierin darf $\alpha_{22} > 1$, $\lambda_{14} > 3$ angenommen werden (da sonst diese Konstanten nur zu vergrößern wären). Alsdann darf ich in (175)

$$\sigma = 1 + \frac{1}{5n\alpha_{22} \log \gamma_0}$$

einsetzen, da diese Zahl > 1 und $< 1 + \frac{1}{5 \cdot 1 \cdot 1 \cdot \log 3} < 2$ ist:

$$\frac{1}{1 - \beta_0 + \frac{1}{5n\alpha_{22} \log \gamma_0}} < n\alpha_{22} \log \gamma_0 + \frac{3}{4} \cdot 5n\alpha_{22} \log \gamma_0 = \frac{19}{4} n\alpha_{22} \log \gamma_0,$$

$$\frac{4}{19} \frac{1}{n\alpha_{22} \log \gamma_0} < 1 - \beta_0 + \frac{1}{5n\alpha_{22} \log \gamma_0},$$

$$\beta_0 < 1 - \left(\frac{4}{19} - \frac{1}{5}\right) \frac{1}{n\alpha_{22} \log \gamma_0} = 1 - \frac{1}{95n\alpha_{22} \log \gamma_0} = 1 - \frac{1}{n\alpha_{19} \log \gamma_0}.$$

Für $t \geqq \lambda_{14}$, $\sigma \geqq 1 - \frac{1}{n\alpha_{19} \log t}$ ist also

$$\zeta(s) \neq 0.$$

Drittes Kapitel.

Der Primidealsatz.

§ 19. Weitere Hilfssätze über die Zetafunktion.

Satz 186: *Für*

$$\sigma \geqq 1 - \frac{1}{n\alpha_{23}\log t}, \; t \geqq \lambda_{19} > 1$$

ist

$$\left|\frac{\zeta'}{\zeta}(s)\right| < \lambda_{20} \log^3 t.$$

Beweis: Die für $\sigma > 1$ durch

$$\sum_{\mathfrak{p}, m} \frac{1}{m N\mathfrak{p}^{ms}}$$

definierte Funktion

$$Z(s) = \log \zeta(s)$$

ist nach Satz 185 im Gebiete

$$\sigma \geqq 1 - \frac{1}{n\alpha_{19}\log t}, \; t \geqq \lambda_{14}$$

regulär, wobei $\lambda_{14} > 3$, $\alpha_{19} > 1$ angenommen werden darf.

Für $t_0 \geqq \lambda_{19}$ gehört der Kreis mit dem Mittelpunkt $2 + t_0 i$ und dem Radius $1 + \frac{1}{2n\alpha_{19}\log t_0}$ diesem Gebiet an; denn jeder Kreispunkt $s = \sigma + ti$ hat seine Ordinate

$$t \geqq t_0 - 1 - \frac{1}{2n\alpha_{19}\log t_0} > \lambda_{14}$$

für $t_0 \geqq \lambda_{21}$, und seine Abszisse

$$\sigma \geqq 1 - \frac{1}{2n\alpha_{19}\log t_0},$$

während

$$1 - \frac{1}{n\alpha_{19}\log t} \leqq 1 - \frac{1}{n\alpha_{19}\log\left(t_0 + 1 + \frac{1}{2n\alpha_{19}\log t_0}\right)},$$

also wegen

$$\lim_{t_0 = \infty} \frac{\log\left(t_0 + 1 + \frac{1}{2n\alpha_{19}\log t_0}\right)}{\log t_0} = 1$$

für $t_0 \geqq \lambda_{22}$ kleiner als $1 - \frac{1}{2n\alpha_{19}\log t_0}$ ist.

Ich wende nun Satz 168 für $t_0 \geqq \lambda_{19}$ an auf

$$F(s) = Z(s),\ s_0 = 2 + t_0 i,\ R = 1 + \frac{1}{2n\alpha_{19}\log t_0},\ r = 1 + \frac{1}{3n\alpha_{19}\log t_0}.$$

Wegen

$$R < 2,$$
$$|F(s_0)| \leqq Z(2) = \lambda_{23},$$
$$\mathfrak{A} \leqq \log \operatorname*{Max.}_{\substack{0 \leqq \sigma \leqq 4 \\ t_0 - 2 \leqq t \leqq t_0 + 2}} |\zeta(s)| < \lambda_{24} \log t_0$$

(nach Satz 171) ergibt Satz 168 für $|s - s_0| \leqq r$

$$(176)\qquad \left|\frac{\zeta'}{\zeta}(s)\right| = |F'(s)| < \frac{2R}{(R-r)^2}(\lambda_{24}\log t_0 + \lambda_{23}) < \lambda_{25}\log^3 t_0.$$

(176) gilt insbesondere auf dem Radius $1 - \frac{1}{3n\alpha_{19}\log t_0} + t_0 i$ bis $2 + t_0 i$ dieses Kreises für $t_0 \geqq \lambda_{19}$. Für $\sigma \geqq 2$, $t_0 \geqq \lambda_{19}$ ist aber

$$\left|\frac{\zeta'}{\zeta}(s)\right| \leqq -\frac{\zeta'}{\zeta}(2) = \lambda_8;$$

für $\sigma \geqq 1 - \frac{1}{3n\alpha_{19}\log t}$, $t \geqq \lambda_{19}$ ist also

$$\left|\frac{\zeta'}{\zeta}(s)\right| < \lambda_{20}\log^3 t,$$

womit Satz 186 bewiesen ist.

Satz 187: *Für $y > 0$ ist bei Integration über die Gerade $\sigma = 2$*

$$\int_{2-\infty i}^{2+\infty i} \frac{y^s}{s^2}\,ds = \begin{cases} 2\pi i \log y, & \textit{falls } y \geqq 1; \\ 0, & \textit{falls } 0 < y \leqq 1. \end{cases}$$

Beweis: Das Integral konvergiert wegen

$$\left|\frac{y^s}{s^2}\right| = \frac{y^2}{4 + t^2}.$$

Für $y \geqq 1$ ergibt der Cauchysche Satz, auf den linken Halbkreis über $2 - \omega i$ bis $2 + \omega i$, wo $\omega > 2$ ist, als Durchmesser angewendet (mit Rücksicht auf den Pol $s = 0$ mit dem Residuum $\log y$),

$$\left|\int_{2-\omega i}^{2+\omega i} \frac{y^s}{s^2}\,ds - 2\pi i \log y\right| \leqq \pi\omega\,\frac{y^2}{(\omega-2)^2} \to 0 \text{ bei } \omega \to \infty.$$

Für $0 < y \leqq 1$ ergibt er bei Anwendung auf den entsprechenden rechten Halbkreis

$$\left|\int_{2-\omega i}^{2+\omega i} \frac{y^s}{s^2}\,ds\right| \leqq \pi\omega\,\frac{1}{\omega^2} \to 0.$$

Satz 188: *Es gibt eine positive absolute Konstante α und zwei vom Körper abhängige Konstanten $v > 1$, $k > 0$, so daß im Gebiete*

$$\begin{cases} t \geqq v,\ \sigma \geqq 1 - \dfrac{1}{n\alpha \log t}, & (177) \\ -v \leqq t \leqq v,\ \sigma \geqq 1 - \dfrac{1}{n\alpha \log v} = \Theta, & (178) \\ t \leqq -v,\ \sigma \geqq 1 - \dfrac{1}{n\alpha \log(-t)}, & (179) \end{cases}$$

Figur 7.

exkl. des Punktes $s = 1$, der Pol erster Ordnung mit dem Residuum 1 ist, die für $\sigma > 1$ durch die Reihe

$$\sum_{\mathfrak{p}} \frac{\log N\mathfrak{p}}{N\mathfrak{p}^s} = K(s)$$

definierte Funktion $K(s)$ regulär ist und für (177) die Ungleichung

$$|K(s)| < k \log^3 t \tag{180}$$

erfüllt.

Beweis: Das λ_{19} des Satzes 186 darf ich > 3 annehmen, das $\alpha_{23} > 2$. Ich setze $\alpha = \alpha_{23}$ und wähle $v \geqq \lambda_{19}$ so, daß $\zeta(s)$ für $-\lambda_{19} \leqq t \leqq \lambda_{19}$, $\sigma \geqq 1 - \frac{1}{n\alpha \log v} = \Theta$ von 0 verschieden ist (was nach Satz 184 geht), also im Gebiete (177), (178), (179) nicht verschwindet. Jedenfalls ist dabei $\Theta > 1 - \frac{1}{1 \cdot 2 \log 3} > 1 - \frac{1}{2} = \frac{1}{2}$.

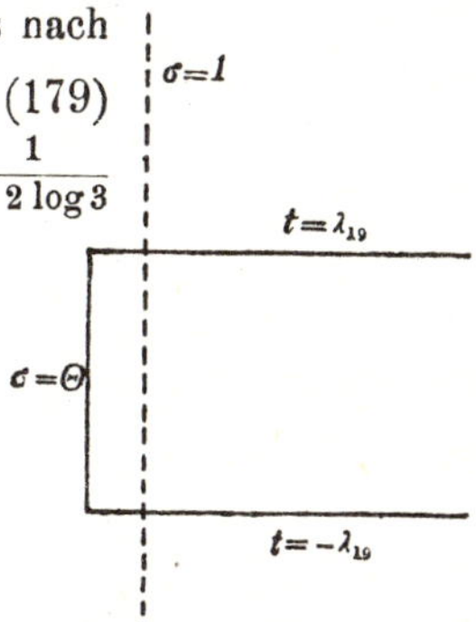

Figur 8.

Für $\sigma > 1$ ist

$$K(s) = -\frac{\zeta'}{\zeta}(s) - \sum_{\substack{\mathfrak{p}, m \\ m > 1}} \frac{\log N\mathfrak{p}}{N\mathfrak{p}^{ms}};$$

ferner ist

$$\sum_{\substack{\mathfrak{p}, m \\ m > 1}} \frac{\log N\mathfrak{p}}{N\mathfrak{p}^{ms}}$$

für $\sigma > \frac{1}{2}$ absolut konvergent, für $\sigma > \frac{1}{2} + \delta$, $\delta > 0$, gleichmäßig konvergent und dem absoluten Betrage nach beschränkt, also für $\sigma > \frac{1}{2}$ regulär, was alles aus der Konvergenz von

$$\sum_{\substack{\mathfrak{p}, m \\ m > 1}} \frac{\log N\mathfrak{p}}{N\mathfrak{p}^{m\left(\frac{1}{2} + \delta\right)}} = \sum_{\mathfrak{p}} \frac{\log N\mathfrak{p}}{N\mathfrak{p}^{\frac{1}{2} + \delta}\left(N\mathfrak{p}^{\frac{1}{2} + \delta} - 1\right)}$$

folgt.

$K(s)$ ist also im Gebiete (177), (178), (179) regulär bis auf den Pol erster Ordnung $s = 1$ mit dem Residuum 1; da ferner wegen $\Theta > \frac{1}{2}$ für $\sigma \geqq \Theta$ nach dem Gesagten

$$\left| K(s) + \frac{\zeta'}{\zeta}(s) \right| < \lambda_{26}$$

ist, ist im Gebiete (177) nach Satz 186

$$|K(s)| < \lambda_{20} \log^3 t + \lambda_{26} < k \log^3 t.$$

§ 20. Beweis des Primidealsatzes.

Satz 189: *Für wachsendes x ist*

$$P(x) = \sum_{N\mathfrak{p} \leqq x} \log N\mathfrak{p} \log \frac{x}{N\mathfrak{p}} = x + O\left(x e^{-\frac{\alpha_{24}}{\sqrt{n}}\sqrt{\log x}}\right).$$

Beweis: Es sei $x > 1$. Das Integral

$$\int_{2-\infty i}^{2+\infty i} \frac{x^s}{s^2} K(s) ds = \int_{2-\infty i}^{2+\infty i} \frac{x^s}{s^2} \sum_{\mathfrak{p}} \frac{\log N\mathfrak{p}}{N\mathfrak{p}^s} ds$$

konvergiert wegen

$$\left| \frac{x^s}{s^2} K(s) \right| \leqq \frac{x^2}{4 + t^2} K(2).$$

Auch

$$\int_{-\infty}^{\infty} \left| \frac{x^s}{s^2} \right| \sum_{\mathfrak{p}} \left| \frac{\log N\mathfrak{p}}{N\mathfrak{p}^s} \right| dt \qquad (s = 2 + ti)$$

konvergiert, weil der Integrand $= \frac{x^2}{4 + t^2} K(2)$ ist. Daher kann Summation und Integration vertauscht werden:

$$\int_{2-\infty i}^{2+\infty i} \frac{x^s}{s^2} K(s) ds = \sum_{\mathfrak{p}} \log N\mathfrak{p} \int_{2-\infty i}^{2+\infty i} \frac{\left(\frac{x}{N\mathfrak{p}}\right)^s}{s^2} ds,$$

und dies ist nach Satz 187

$$= 2\pi i \sum_{N\mathfrak{p} \leqq x} \log N\mathfrak{p} \log \frac{x}{N\mathfrak{p}} = 2\pi i P(x).$$

Es sei $\omega_1 < -v$, $\omega_2 > v$, wo v die im Satz 188 angegebene Bedeutung hat. Ich wende den Cauchyschen Satz auf

$$\int \frac{x^s}{s^2} K(s) ds$$

und den Weg an: von $2+\omega_1 i$ geradlinig aufwärts bis $2+\omega_2 i$, geradlinig nach links bis $1-\frac{1}{n\alpha\log\omega_2}+\omega_2 i$, auf der Kurve des Satzes 188 (Figur 7) über $\Theta+vi$, $\Theta-vi$ nach $1-\frac{1}{n\alpha\log(-\omega_1)}+\omega_1 i$, geradlinig nach $2+\omega_1 i$. Dann ist das Gesamtintegral $=2\pi i x$, da x das Residuum des Integranden im Pole $s=1$ ist.

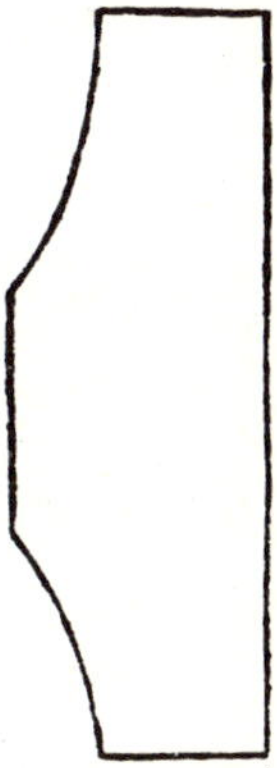

Figur 9.

Nun lasse ich unabhängig ω_1 nach $-\infty$, ω_2 nach ∞ rücken. Die Integrale über die Horizontalstücke streben gegen 0, da — aus Symmetriegründen brauche ich nur vom oberen zu reden — die Weglänge <2 und der Integrand nach (180) absolut genommen

$$<\frac{x^2}{\omega_2^2}k\log^3(\omega_2)$$

ist. Also ergibt sich

$$2\pi i(P(x)-x)=\int\frac{x^s}{s^2}K(s)ds,$$

erstreckt von unten nach oben über die ganze Kurve des Satzes 188.

Es kommt also nur darauf an, dies Integral bei wachsendem x als $O\left(xe^{-\frac{\alpha_{24}}{\sqrt{n}}\sqrt{\log x}}\right)$ zu erweisen. Aus Symmetriegründen und weil für den geraden Teil der festen Länge $2v$ offenbar sogar

$$\int\frac{x^s}{s^2}K(s)ds=O(x^\Theta)$$

ist, genügt es also,

$$(181)\qquad \int_v^\infty\left|\frac{x^s}{s^2}K(s)\right|\left|\frac{d\left(1-\frac{1}{n\alpha\log t}+ti\right)}{dt}\right|dt=O\left(xe^{-\frac{\alpha_{24}}{\sqrt{n}}\sqrt{\log x}}\right)$$

zu beweisen. Der Integrand ist hier nach (180)

$$<\frac{x^{1-\frac{1}{n\alpha\log t}}}{t^2}k\log^3 t\left|\frac{1}{n\alpha t\log^2 t}+i\right|<\lambda_{27}x\cdot x^{-\frac{1}{n\alpha\log t}}\frac{\log^3 t}{t^2},$$

und es ergibt sich, wenn x so groß ist, daß $e^{\frac{1}{\sqrt{n\alpha}}\sqrt{\log x}}>v$ ist,

$$\int_v^\infty x^{-\frac{1}{n\alpha\log t}}\frac{\log^3 t}{t^2}dt=\int_v^{e^{\frac{1}{\sqrt{n\alpha}}\sqrt{\log x}}}+\int_{e^{\frac{1}{\sqrt{n\alpha}}\sqrt{\log x}}}^\infty$$

$$< x^{-\frac{1}{n\alpha \log\left(e^{\frac{1}{\sqrt{n\alpha}}\sqrt{\log x}}\right)}} \int_{v}^{e^{\frac{1}{\sqrt{n\alpha}}\sqrt{\log x}}} \frac{\log^3 t}{t^2}\, dt + \int_{e^{\frac{1}{\sqrt{n\alpha}}\sqrt{\log x}}}^{\infty} \frac{\log^3 t}{t^2}\, dt$$

$$< e^{-\frac{\log x}{n\alpha \frac{1}{\sqrt{n\alpha}}\sqrt{\log x}}} \int_{v}^{\infty} \frac{\log^3 t}{t^2}\, dt + \left\{\frac{c_3 \log^3 t + c_2 \log^2 t + c_1 \log t + c_0}{t}\right\}_{e^{\frac{1}{\sqrt{n\alpha}}\sqrt{\log x}}}^{\infty}$$

$$= O\left(e^{-\frac{1}{\sqrt{n\alpha}}\sqrt{\log x}}\right) + O\left(e^{-\frac{1}{\sqrt{n\alpha}}\sqrt{\log x}} \log^{\frac{3}{2}} x\right) = O\left(e^{-\frac{\alpha_{24}}{\sqrt{n}}\sqrt{\log x}}\right),$$

also (181).

Satz 190:

$$\vartheta(x) = \sum_{N\mathfrak{p} \leqq x} \log N\mathfrak{p} = x + O\left(x e^{-\frac{\alpha_{25}}{\sqrt{n}}\sqrt{\log x}}\right)$$

Beweis: Es werde für $x > 1$ zur Abkürzung $e^{-\frac{\alpha_{24}}{2\sqrt{n}}\sqrt{\log x}} = \delta$ gesetzt. Nach Satz 189 ist, $x + \delta x$ für x geschrieben, bei wachsendem x

$$P(x+\delta x) = \sum_{N\mathfrak{p} \leqq x+\delta x} \log N\mathfrak{p} \log \frac{x+\delta x}{N\mathfrak{p}} = x + \delta x + O\left((x+\delta x) e^{-\frac{\alpha_{24}}{\sqrt{n}}\sqrt{\log (x+\delta x)}}\right)$$

$$= x + \delta x + O\left(x e^{-\frac{\alpha_{24}}{\sqrt{n}}\sqrt{\log x}}\right) = x + \delta x + O(\delta^2 x). \tag{182}$$

Die Teilsumme

$$\sum_{x < N\mathfrak{p} \leqq x+\delta x} \log N\mathfrak{p} \log \frac{x+\delta x}{N\mathfrak{p}}$$

hat nur $O(\delta x)$ Glieder, da jede Zahl höchstens n mal als $N\mathfrak{p}$ darstellbar ist; jedes dieser Glieder ist

$$\leqq \log(x+\delta x) \log \frac{x+\delta x}{x} = \log(1+\delta)\log(x+\delta x) < \delta \log(2x) = O(\delta \log x);$$

es ist also

$$\sum_{x < N\mathfrak{p} \leqq x+\delta x} \log N\mathfrak{p} \log \frac{x+\delta x}{N\mathfrak{p}} = O(\delta^2 x \log x),$$

also durch Subtraktion von (182)

$$\sum_{N\mathfrak{p} \leqq x} \log N\mathfrak{p} \log \frac{x+\delta x}{N\mathfrak{p}} = x + \delta x + O(\delta^2 x \log x).$$

Hiervon werde $P(x)$ nach der Formel des Satzes 189 subtrahiert:

$$\log(1+\delta)\vartheta(x) = \sum_{N\mathfrak{p}\leq x} \log N\mathfrak{p} \log\frac{x+\delta x}{x}$$

$$= x+\delta x+O(\delta^2 x\log x)-x-O(\delta^2 x) = \delta x+O(\delta^2 x\log x),$$

$$\vartheta(x) = \frac{\delta}{\log(1+\delta)}x + O\left(\frac{\delta^2}{\log(1+\delta)}x\log x\right) = \frac{\delta}{\log(1+\delta)}x + O(\delta x\log x).$$

Wegen

$$\frac{\delta}{\log(1+\delta)} = 1 + O(\delta)$$

(bei wachsendem x) ist also

$$\vartheta(x) = x + O(\delta x) + O(\delta x\log x) = x + O(\delta x\log x)$$

$$= x + O\left(xe^{-\frac{\alpha_{24}}{2\sqrt{n}}\sqrt{\log x}}\log x\right) = x + O\left(xe^{-\frac{\alpha_{25}}{\sqrt{n}}\sqrt{\log x}}\right).$$

Satz 191: *Für die Anzahl $\pi(x)$ der Primideale mit Norm $\leq x$ gilt*

$$\pi(x) = \sum_{N\mathfrak{p}\leq x} 1 = \int_2^x \frac{du}{\log u} + O\left(xe^{-\frac{\alpha_{25}}{\sqrt{n}}\sqrt{\log x}}\right).$$

Beweis: Wird

$$\vartheta(x) - x = \eta(x)$$

gesetzt, wo also nach Satz 190

$$\eta(x) = O\left(xe^{-\frac{\alpha_{25}}{\sqrt{n}}\sqrt{\log x}}\right)$$

ist, so ergibt sich für $x > 2$

$$\pi(x) = \sum_{m=2}^{[x]} \frac{\vartheta(m)-\vartheta(m-1)}{\log m} = \sum_{m=2}^{[x]}\frac{1}{\log m} + \sum_{m=2}^{[x]}\frac{\eta(m)-\eta(m-1)}{\log m}.$$

Hierin ist, weil $\frac{1}{\log u}$ monoton abnimmt,

$$\sum_{m=2}^{[x]}\frac{1}{\log m} = \int_2^{[x]}\frac{du}{\log u} + O(1) = \int_2^x \frac{du}{\log u} + O(1)$$

und andererseits

$$\sum_{m=2}^{[x]}\frac{\eta(m)-\eta(m-1)}{\log m} = \sum_{m=2}^{[x]}\eta(m)\left(\frac{1}{\log m} - \frac{1}{\log(m+1)}\right) - \frac{\eta(1)}{\log 2} + \frac{\eta([x])}{\log([x]+1)},$$

also, da $xe^{-\frac{\alpha_{25}}{\sqrt{n}}\sqrt{\log x}}$ von einer Stelle an monoton ins Unendliche wächst, für $x \geqq \lambda_{28}$

$$\left|\sum_{m=2}^{[x]} \frac{\eta(m)-\eta(m-1)}{\log m}\right|$$

$$\leqq \lambda_{29} x e^{-\frac{\alpha_{25}}{\sqrt{n}}\sqrt{\log x}} \sum_{m=2}^{[x]}\left(\frac{1}{\log m}-\frac{1}{\log(m+1)}\right)+\lambda_{30}+\lambda_{31} x e^{-\frac{\alpha_{25}}{\sqrt{n}}\sqrt{\log x}}$$

$$= O\left(xe^{-\frac{\alpha_{25}}{\sqrt{n}}\sqrt{\log x}}\right).$$

Damit ist Satz 191 bewiesen.

Satz 192: $$\pi(x) = \frac{x}{\log x} + O\left(\frac{x}{\log^2 x}\right),$$

also a fortiori

(183) $$\frac{\pi(x)}{\frac{x}{\log x}} \to 1.$$

Beweis: Erstens ist

$$xe^{-\frac{\alpha_{25}}{\sqrt{n}}\sqrt{\log x}} = O\left(\frac{x}{\log^2 x}\right),$$

zweitens

$$\int_2^x \frac{du}{\log u} = \left\{\frac{u}{\log u} + \int \frac{du}{\log^2 u}\right\}_2^x = \frac{x}{\log x} - \frac{2}{\log 2} + \int_2^x \frac{du}{\log^2 u}$$

$$= \frac{x}{\log x} + O(1) + O\int_2^{\sqrt{x}} \frac{du}{\log^2 2} + O\int_{\sqrt{x}}^x \frac{du}{\log^2(\sqrt{x})}$$

$$= \frac{x}{\log x} + O(1) + O(\sqrt{x}) + O\left(\frac{x}{\log^2 x}\right) = \frac{x}{\log x} + O\left(\frac{x}{\log^2 x}\right),$$

so daß aus Satz 191 die Behauptung folgt.

Satz 193: *Für zwei beliebige algebraische Körper gibt es asymptotisch gleich viele Primideale, indem für die zugehörigen Funktionen $\pi_1(x)$ und $\pi_2(x)$*

$$\frac{\pi_1(x)}{\pi_2(x)} \to 1$$

ist.

Beweis: Nach (183) ist

$$\frac{\pi_1(x)}{\frac{x}{\log x}} \to 1, \quad \frac{\pi_2(x)}{\frac{x}{\log x}} \to 1.$$

Viertes Kapitel.

Verallgemeinerung der Riemann-von Mangoldtschen Primzahlformel.

§ 21. Weitere Hilfssätze über die Zetafunktion.

Satz 194: *Es gibt eine nur vom Körper abhängige Konstante* μ_1, *so daß sowohl für* $\sigma \leqq -1$, $|t| \geqq 1$, *als auch für* $t \gtreqless 0$, $\sigma = -q$, *wo* $q = \frac{3}{2}, \frac{5}{2}, \frac{7}{2}, \cdots$ *ad inf. ist,*

$$\left|\frac{\zeta'}{\zeta}(s)\right| < \mu_1 \log|s|$$

ist.

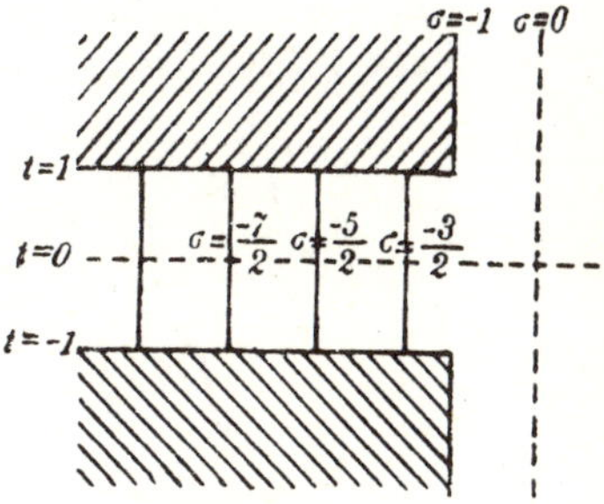

Figur 10.

Beweis: Nach Satz 156 ist, wenn s durch $1-s$ ersetzt wird,

$$\zeta(s) = \zeta(1-s)\left(\frac{2}{(2\pi)^{1-s}}\right)^n |\varDelta|^{\frac{1}{2}-s}$$

$$\times\left(\sin\frac{\pi s}{2}\right)^{r_1+r_2}\left(\cos\frac{\pi s}{2}\right)^{r_2}(\Gamma(1-s))^n,$$

$$(184)\quad \left\{\begin{aligned} &\frac{\zeta'}{\zeta}(s) = -\frac{\zeta'}{\zeta}(1-s) + n\log 2\pi - \log|\varDelta| \\ &+ (r_1+r_2)\frac{\pi}{2}\operatorname{ctg}\frac{\pi s}{2} - r_2\frac{\pi}{2}\operatorname{tg}\frac{\pi s}{2} - n\frac{\Gamma'}{\Gamma}(1-s). \end{aligned}\right.$$

Im Gebiet der Voraussetzung ist wegen $\Re(1-s) = 1-\sigma \geqq 2$ nach Satz 165

$$\left|\frac{\Gamma'}{\Gamma}(1-s)\right| < c_1 \log|1-s| \leqq c_1 \log(1+|s|) < c_2 \log|s|,$$

da ja $|s| \geqq \sqrt{2}$ ist. Ferner ist dort wegen $\Re(1-s) \geqq 2$

$$\left|-\frac{\zeta'}{\zeta}(1-s) + n\log 2\pi - \log|\varDelta|\right| < \mu_2 < \mu_3 \log|s|,$$

wo $\mu_2, \cdots$ vom Körper abhängen.

$\operatorname{ctg}\frac{\pi s}{2}$ und $\operatorname{tg}\frac{\pi s}{2}$ sind im Gebiet beschränkt; denn 1. für $t \geqq 1$ ist

$$\left|\operatorname{ctg}\frac{\pi s}{2}\right| = \left| i\,\frac{e^{\pi s i}+1}{e^{\pi s i}-1}\right| = \left|\frac{e^{\pi i(\sigma+ti)}+1}{e^{\pi i(\sigma+ti)}-1}\right| \leqq \frac{e^{-\pi t}+1}{1-e^{-\pi t}}$$

(185) $$< \frac{2}{1-e^{-\pi}};$$

für $t \leqq -1$ gilt (185) also auch, und infolgedessen ist für $|t| \geqq 1$

$$\left|\operatorname{tg}\frac{\pi s}{2}\right| = \left|\operatorname{ctg}\frac{\pi(1-s)}{2}\right| < \frac{2}{1-e^{-\pi}};$$

2. auf den Geraden $\sigma = -q$ (die keinen Pol der beiden Funktionen $\operatorname{ctg}\frac{\pi s}{2}$ und $\operatorname{tg}\frac{\pi s}{2}$ enthalten) ist, soweit $-1 < t < 1$ ist, wegen der Periodizität von $\left|\operatorname{ctg}\frac{\pi s}{2}\right|$ und $\left|\operatorname{tg}\frac{\pi s}{2}\right|$ der Wert gleichmäßig beschränkt.

Aus (184) folgt also die Behauptung.

Satz 195: *Es sei $T > 0$, $y > 0$. Dann ist*

$$\left.\begin{array}{l} \left|\displaystyle\int_{2-Ti}^{2+Ti}\frac{y^s}{s}\,ds - 2\pi i\right| \\ \left|\displaystyle\int_{2-Ti}^{2+Ti}\frac{y^s}{s}\,ds\right| \end{array}\right\} \leqq \frac{2}{T}\,\frac{y^2}{|\log y|} \left\{\begin{array}{l} \text{für } y > 1, \\ \text{für } 0 < y < 1, \end{array}\right.$$

$$\lim_{T=\infty}\int_{2-Ti}^{2+Ti}\frac{y^s}{s}\,ds = \pi i \qquad \text{für } y = 1.$$

Insbesondere ist also

$$\lim_{T=\infty}\int_{2-Ti}^{2+Ti}\frac{y^s}{s}\,ds = \begin{cases} 2\pi i \text{ für } y > 1, \\ \pi i \text{ für } y = 1, \\ 0 \text{ für } 0 < y < 1, \end{cases}$$

kurz

$$\lim_{T=\infty}\int_{2-Ti}^{2+Ti}\frac{y^s}{s}\,ds = \pi i\,\varepsilon(y),$$

wo

$$\varepsilon(y) = \begin{cases} 2 \text{ für } y > 1, \\ 1 \text{ für } y = 1, \\ 0 \text{ für } 0 < y < 1. \end{cases}$$

Beweis: Es sei $y>1$. Die Anwendung des Cauchyschen Satzes auf das Rechteck mit den Ecken $2\pm Ti$, $a\pm Ti$, wo $a<0$, gibt

$$\left|\int\limits_{2-Ti}^{2+Ti}\frac{y^s}{s}\,ds-2\pi i\right|=\left|\int\limits_{2-Ti}^{a-Ti}\frac{y^s}{s}\,ds+\int\limits_{a-Ti}^{a+Ti}\frac{y^s}{s}\,ds+\int\limits_{a+Ti}^{2+Ti}\frac{y^s}{s}\,ds\right|$$

$$\leqq\frac{1}{T}\int\limits_{-\infty}^{2}y^\sigma d\sigma+2T\frac{y^a}{-a}+\frac{1}{T}\int\limits_{-\infty}^{2}y^\sigma d\sigma=\frac{2}{T}\frac{y^2}{\log y}+2T\frac{y^a}{-a},$$

und $a\to-\infty$ gibt die Behauptung.

2. Es sei $0<y<1$. Dann ist für $a>2$ nach dem Cauchyschen Satz

$$\left|\int\limits_{2-Ti}^{2+Ti}\frac{y^s}{s}\,ds\right|=\left|\int\limits_{2-Ti}^{a-Ti}\frac{y^s}{s}\,ds+\int\limits_{a-Ti}^{a+Ti}\frac{y^s}{s}\,ds+\int\limits_{a+Ti}^{2+Ti}\frac{y^s}{s}\,ds\right|$$

$$\leqq\frac{1}{T}\int\limits_{2}^{\infty}y^\sigma d\sigma+2T\frac{y^a}{a}+\frac{1}{T}\int\limits_{2}^{\infty}y^\sigma d\sigma=\frac{2}{T}\frac{y^2}{-\log y}+2T\frac{y^a}{a},$$

und $a\to\infty$ gibt die Behauptung.

3. Für $y=1$ ist bei $T\to\infty$

$$\int\limits_{2-Ti}^{2+Ti}\frac{y^s}{s}\,ds=i\int\limits_{-T}^{T}\frac{dt}{2+ti}=i\int\limits_{-T}^{T}\frac{2-ti}{4+t^2}\,dt=i\int\limits_{-T}^{T}\frac{2\,dt}{4+t^2}=i\int\limits_{-\frac{T}{2}}^{\frac{T}{2}}\frac{du}{1+u^2}\to\pi i.$$

Satz 196: *Es sei*

$$G(k)=\sum_{N\mathfrak{p}^m=k}\log N\mathfrak{p},$$

so daß für $\sigma>1$

$$-\frac{\zeta'}{\zeta}(s)=\sum_{\mathfrak{p},m}\frac{\log N\mathfrak{p}}{N\mathfrak{p}^{ms}}=\sum_{k=1}^{\infty}\frac{G(k)}{k^s}$$

ist, und es werde

$$\Psi(x)=\begin{cases}\sum\limits_{k<x}G(k) & \textit{für nicht ganze } x>0,\\ \sum\limits_{k<x}G(k)+\frac{1}{2}G(x) & \textit{für ganze } x>0\end{cases}$$

gesetzt, anders ausgedrückt:

$$\Psi(x) = \begin{cases} \sum\limits_{N\mathfrak{p}^m < x} \log N\mathfrak{p} & \text{für nicht ganze } x > 0, \\ \lim\limits_{\delta = 0} \dfrac{\Psi(x-\delta) + \Psi(x+\delta)}{2} & \text{für ganze } x > 0. \end{cases}$$

Dann ist für $x > 0$

$$\lim_{T=\infty} \int_{2-Ti}^{2+Ti} \frac{x^s}{s} \frac{\zeta'}{\zeta}(s)\,ds = -2\pi i\,\Psi(x).$$

Beweis: Es sei $T > 0$, $x > 0$. Wegen der gleichmäßigen Konvergenz unterwegs ist

$$-\int_{2-Ti}^{2+Ti} \frac{x^s}{s} \frac{\zeta'}{\zeta}(s)\,ds = \int_{2-Ti}^{2+Ti} \frac{x^s}{s} \sum_{k=1}^{\infty} \frac{G(k)}{k^s}\,ds = \sum_{k=1}^{\infty} G(k) \int_{2-Ti}^{2+Ti} \frac{\left(\frac{x}{k}\right)^s}{s}\,ds,$$

also

$$(186) \quad -\int_{2-Ti}^{2+Ti} \frac{x^s}{s} \frac{\zeta'}{\zeta}(s)\,ds - 2\pi i\,\Psi(x) = \sum_{k=1}^{\infty} G(k) \left(\int_{2-Ti}^{2+Ti} \frac{\left(\frac{x}{k}\right)^s}{s}\,ds - \pi i \varepsilon\left(\frac{x}{k}\right) \right)$$

Nun ist nach Satz 195

$$\left| \sum_{k \gtrless x} G(k) \left(\int_{2-Ti}^{2+Ti} \frac{\left(\frac{x}{k}\right)^s}{s}\,ds - \pi i \varepsilon\left(\frac{x}{k}\right) \right) \right| \leqq \sum_{k \gtrless x} G(k) \frac{2}{T} \frac{\left(\frac{x}{k}\right)^2}{\left|\log \frac{x}{k}\right|}$$

$$(187) \quad = \frac{2x^2}{T} \sum_{k \gtrless x} \frac{G(k)}{k^2 \left|\log \frac{x}{k}\right|},$$

was für $T \to \infty$ gegen 0 strebt. Im Falle eines ganzen x strebt das Glied $G(x)\left(\int_{2-Ti}^{2+Ti} \frac{\left(\frac{x}{x}\right)^s}{s}\,ds - \pi i \right)$ nach Satz 195 auch gegen 0. Die rechte Seite von (186) strebt also für $T \to \infty$ gegen 0, womit der Satz bewiesen ist.

§ 22. Die Primidealformel.

Satz 197: *Für $x > 1$ ist*

$$(188) \quad \Psi(x) = x - (r \log x + a_0) - \frac{r_1}{2} \log\left(1 - \frac{1}{x^2}\right) - r_2 \log\left(1 - \frac{1}{x}\right) - \sum_{\varrho} \frac{x^\varrho}{\varrho},$$

wo die ϱ nach absolut wachsenden Ordinaten (sonst beliebig) geordnet sind; a_0 ist eine vom Körper abhängige Konstante.

Beweis: $T > 0$ sei „wurzelfrei". Ich wende den Cauchyschen Satz auf das Integral

$$\int \frac{x^s}{s}\frac{\zeta'}{\zeta}(s)\,ds \qquad (x > 1)$$

und das im positiven Sinne zu durchlaufende Rechteck mit den Ecken $2 \pm Ti$, $-q \pm Ti$ an, wo q eine der Zahlen $\frac{3}{2}, \frac{5}{2}, \frac{7}{2}, \cdots$ ist. Der Rand des Rechtecks enthält keine singuläre Stelle des Integranden. Im Innern des Rechtecks liegen nach Satz 155, 1., 3., 4. folgende Pole:

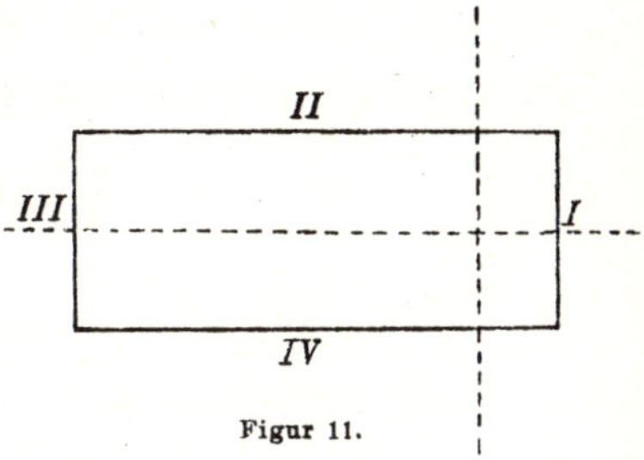

Figur 11.

1. $s = 1$, mit dem Residuum $-x$;

2. $s = 0$; im Falle $r = 0$ mit dem Residuum $\frac{\zeta'}{\zeta}(0)$ (was eventuell 0 ist, so daß dann $s = 0$ regulär ist), im Falle $r > 0$ wegen

$$\frac{x^s}{s}\frac{\zeta'}{\zeta}(s) = \frac{1}{s}\left(1 + s\log x + \frac{s^2}{2!}\log^2 x + \cdots\right)\left(\frac{r}{s} + a_0 + a_1 s + \cdots\right)$$

mit dem Residuum $r\log x + a_0$;

3. die ϱ, für welche $|\Im\varrho| < T$ ist, mit dem Residuum $\frac{x^\varrho}{\varrho}$ (wobei über ein mehrfaches ϱ auch hier in der Vielfachheit zu summieren ist);

4. die geraden negativen $m > -q$ mit dem Residuum $(r+1)\frac{x^m}{m}$ $= (r_1 + r_2)\frac{x^m}{m}$;

5. im Falle $r_2 > 0$ noch die ungeraden negativen $m > -q$ mit dem Residuum $r_2 \frac{x^m}{m}$.

Der Cauchysche Satz ergibt demnach jedenfalls

$$(189)\quad \begin{cases} \int\limits_{\mathrm{I}} = 2\pi i\Bigl(-x + r\log x + a_0 + \sum\limits_{|\Im\varrho|<T}\frac{x^\varrho}{\varrho} + r_2\sum\limits_{l=1}^{[q]}\frac{x^{-l}}{-l} \\ \qquad + r_1\sum\limits_{l=1}^{\left[\frac{q}{2}\right]}\frac{x^{-2l}}{-2l}\Bigr) - \int\limits_{\mathrm{II}} - \int\limits_{\mathrm{III}} - \int\limits_{\mathrm{IV}}, \end{cases}$$

wobei $\sum\limits_{l=1}^{\left[\frac{q}{2}\right]}$ für $q = \frac{3}{2}$ Null bedeuten soll.

Bei festem „wurzelfreiem" $T > 1$ lasse ich jetzt q sprungweise ins Unendliche rücken. Nach Satz 194 ist

$$\left|\int\limits_{\mathrm{III}}\right| < 2T\frac{x^{-q}}{q}\mu_1\log(q+T)\to 0.$$

$\int\limits_{\mathrm{II}}$ und $\int\limits_{\mathrm{IV}}$ haben einen Limes, indem sogar

$$\int\limits_{-\infty+Ti}^{2+Ti}\frac{x^s}{s}\frac{\zeta'}{\zeta}(s)\,ds,\quad \int\limits_{-\infty-Ti}^{2-Ti}\frac{x^s}{s}\frac{\zeta'}{\zeta}(s)\,ds$$

konvergieren, weil nach Satz 194 unterwegs für $\sigma \leqq -1$

$$(190)\qquad \left|\frac{x^s}{s}\frac{\zeta'}{\zeta}(s)\right| < \frac{x^\sigma}{|s|}\mu_1\log|s|$$

ist, $\frac{\log|s|}{|s|}$ für $|s| \geqq \sqrt{2}$ beschränkt ist und $\int\limits_{-\infty}^{-1} x^\sigma d\sigma$ wegen $x > 1$ konvergiert.

(189) ergibt also, da

$$\sum_{l=1}^{\infty}\frac{x^{-l}}{-l} = \log\left(1-\frac{1}{x}\right),$$

$$\sum_{l=1}^{\infty}\frac{x^{-2l}}{-2l} = \frac{1}{2}\log\left(1-\frac{1}{x^2}\right)$$

ist,

$$(191)\qquad \begin{cases} \int\limits_{\mathrm{I}} = 2\pi i\Big(-x+r\log x+a_0+\sum\limits_{|\Im\varrho|<T}\frac{x^\varrho}{\varrho}+r_2\log\left(1-\frac{1}{x}\right)+\frac{r_1}{2}\log\left(1-\frac{1}{x^2}\right)\Big) \\ \qquad\qquad -\int\limits_{2+Ti}^{-\infty+Ti} - \int\limits_{-\infty-Ti}^{2-Ti}. \end{cases}$$

Nun lasse ich T, „wurzelfrei" wachsend, ins Unendliche rücken. Nach Satz 196 strebt $\int\limits_{\mathrm{I}}$ gegen $-2\pi i\,\Psi(x)$. Der Satz 197 wird also bewiesen sein, wenn ich erstens für stetig wachsendes T_0

$$(192)\qquad \sum_{\Im\varrho=\pm T_0}\left|\frac{x^\varrho}{\varrho}\right|\to 0,$$

zweitens für „wurzelfrei" wachsendes T

$$(193)\qquad \int\limits_{-\infty+Ti}^{2+Ti}\frac{x^s}{s}\frac{\zeta'}{\zeta}(s)\,ds\to 0$$

zeigen kann.

(192) folgt daraus, daß die Anzahl der ϱ mit der Ordinate $T_0 \geqq 2$ nach Satz 181 kleiner als $\mu_4 \log T_0$ ist, also

$$(194)\qquad \sum_{\Im \varrho = \pm T_0} \left| \frac{x^\varrho}{\varrho} \right| < 2\mu_4 x \frac{\log T_0}{T_0}$$

ist, was für $T_0 \to \infty$ gegen 0 strebt.

(193) wird so bewiesen. Nach (190) ist zunächst, da $\frac{\log y}{y}$ für $y \geqq e$ abnimmt, für $T \geqq e$

$$(195)\qquad \left| \int_{-\infty+Ti}^{-1+Ti} \frac{x^s}{s} \frac{\zeta'}{\zeta}(s)\, ds \right| < \frac{\mu_1 \log T}{T} \int_{-\infty}^{-1} x^\sigma d\sigma \to 0.$$

Es verbleibt für „wurzelfrei" wachsendes T

$$\int_{-1+Ti}^{2+Ti} \frac{x^s}{s} \frac{\zeta'}{\zeta}(s)\, ds \to 0$$

zu zeigen; das ist die Hauptschwierigkeit.

Ich knüpfe wieder an (165) an:

$$\frac{\zeta'}{\zeta}(s) = b - \frac{1}{s-1} - \frac{1}{s} - \frac{r_1}{2} \frac{\Gamma'}{\Gamma}\left(\frac{s}{2}\right) - r_2 \frac{\Gamma'}{\Gamma}(s) + \sum_\varrho{}' \left(\frac{1}{s-\varrho} + \frac{1}{\varrho}\right) + \sum_\varrho{}'' \left(\frac{1}{s-\varrho} + \frac{1}{\varrho}\right).$$

Nach Satz 164 und Satz 182 ist unterwegs gleichmäßig für $T \geqq 2$

$$\left| b - \frac{1}{s-1} - \frac{1}{s} - \frac{r_1}{2} \frac{\Gamma'}{\Gamma}\left(\frac{s}{2}\right) - r_2 \frac{\Gamma'}{\Gamma}(s) + \sum_\varrho{}' \left(\frac{1}{s-\varrho} + \frac{1}{\varrho}\right) \right| < \mu_5 \log T,$$

also

$$\left| \int_{-1+Ti}^{2+Ti} \frac{x^s}{s} \left(b - \frac{1}{s-1} - \frac{1}{s} - \frac{r_1}{2} \frac{\Gamma'}{\Gamma}\left(\frac{s}{2}\right) - r_2 \frac{\Gamma'}{\Gamma}(s) + \sum_\varrho{}' \left(\frac{1}{s-\varrho} + \frac{1}{\varrho}\right)\right) ds \right|$$

$$(196)\qquad < 3\mu_5 x^2 \frac{\log T}{T} \to 0.$$

$\sum_\varrho{}''$ hat nach Satz 181 höchstens $\mu_6 \log T$ Glieder; also ist

$$(197)\qquad \left| \int_{-1+Ti}^{2+Ti} \frac{x^s}{s} \sum_\varrho{}'' \frac{1}{\varrho}\, ds \right| < 3\mu_6 \log T \frac{x^2}{T} \frac{1}{T-1} \to 0.$$

Bei jedem der höchstens $\mu_6 \log T$ Integrale

$$\int_{-1+Ti}^{2+Ti} \frac{x^s}{s} \frac{ds}{s-\varrho}, \quad |T - \Im \varrho| < 1,$$

ersetze ich den Integrationsweg im Falle $\Im \varrho < T$ durch den Halbkreis nach oben, im Falle $\Im \varrho > T$ durch den Halbkreis nach unten; in jedem Falle ergibt sich, da unterwegs $|s - \varrho| > 1$ ist,

$$\left| \int_{-1+Ti}^{2+Ti} \frac{x^s}{s} \frac{ds}{s-\varrho} \right| < \frac{3}{2} \pi \frac{x^2}{T - \frac{3}{2}},$$

(198) $$\left| \sum_\varrho{}'' \int_{-1+Ti}^{2+Ti} \frac{x^s}{s} \frac{ds}{s-\varrho} \right| < \mu_6 \log T \frac{3}{2} \pi \frac{x^2}{T - \frac{3}{2}} \to 0,$$

womit alles bewiesen ist.

§ 23. Von der Reihe $\sum_\varrho \frac{x^\varrho}{\varrho}$.

Satz 198: *Die Reihe*

(199) $$R(x) = \sum_\varrho \frac{x^\varrho}{\varrho}$$

(in der Anordnung des Satzes 197*) konvergiert für alle* $x > 0$.

Beweis: 1. Für $x > 1$ war es in § 22 bewiesen

2. Für $x = 1$ folgt es aus $\frac{1}{\varrho} + \frac{1}{1-\varrho} = \frac{1}{\varrho(1-\varrho)}$, da

(200) $$\sum_\varrho \frac{1}{|\varrho(1-\varrho)|}$$

konvergiert und nach Satz 181

$$\lim_{T_0=\infty} \sum_{\Im \varrho = \pm T_0} \left| \frac{1}{\varrho} \right| = 0$$

ist.

3. Für $0 < x < 1$ folgt es aus

(201) $$\frac{x^\varrho}{\varrho} = -\frac{x^\varrho}{1-\varrho} + \frac{x^\varrho}{\varrho(1-\varrho)} = -x \frac{\left(\frac{1}{x}\right)^{1-\varrho}}{1-\varrho} + \frac{x^\varrho}{\varrho(1-\varrho)};$$

denn nach 1. konvergiert

(202) $$\sum_\varrho \frac{\left(\frac{1}{x}\right)^{1-\varrho}}{1-\varrho},$$

da $1 - \varrho$ mit ϱ alle Wurzeln des Streifens $0 < \sigma < 1$ durchläuft, gleichfalls nach absolut steigender Ordinate geordnet, und

$$\sum_{\varrho} \frac{x^{\varrho}}{\varrho(1-\varrho)} \tag{203}$$

konvergiert wegen der Konvergenz von (200) sogar absolut.

Satz 199: *Es sei* $0 < x_0 < x_1$. 1. *Wenn das Intervall* $x_0 \leqq x \leqq x_1$ *mindestens ein* $\xi = N\mathfrak{p}^m$, $\mathfrak{p}$ *Primideal,* $m \gtreqless 0$ *ganz rational, enthält, ist die Reihe* $R(x)$ *für* $x_0 \leqq x \leqq x_1$ *ungleichmäßig konvergent.* 2. *Anderenfalls ist sie dort gleichmäßig konvergent.*

Beweis: 1. Da die Glieder von $R(x)$ für $x > 0$ stetig sind, so genügt es zum Nachweis der ersten Behauptung zu zeigen, daß der Summenwert in jedem Punkte $\xi = N\mathfrak{p}^m$ sowohl nach links als auch nach rechts unstetig ist.

a) Für $\xi > 1$ folgt dies aus (188), wo rechts alle Glieder außer $R(x)$ stetig sind, links $\Psi(x)$ sowohl nach links als auch nach rechts unstetig ist.

b) Für $\xi = 1$ nach rechts folgt es daraus, daß in (188) für zu 1 abnehmendes x der Bestandteil $-\frac{r_1}{2}\log\left(1-\frac{1}{x^2}\right) - r_2 \log\left(1-\frac{1}{x}\right)$ über alle Grenzen wächst, während $\Psi(x)$ und $x - (r\log x + a_0)$ dort einem endlichen Limes zustreben.

c) Für $\xi < 1$ und für $\xi = 1$ nach links folgt es daraus, daß nach (201)

$$R(x) + xR\left(\frac{1}{x}\right)$$

im Punkte $\xi < 1$ stetig, bzw. im Punkte $\xi = 1$ nach links stetig ist (weil (203) für $0 < x \leqq 1$ wegen $|x^{\varrho}| \leqq 1$ gleichmäßig konvergiert) und $R\left(\frac{1}{x}\right)$ im Punkte $\xi < 1$ beiderseitig unstetig, im Punkte $\xi = 1$ nach links unstetig ist.

2. Das Intervall $x_0 \leqq x \leqq x_1$ sei jetzt frei von den ξ.

a) Wenn $1 < x_0 < x_1$ ist, so lehrt ein Blick auf die Formeln (194), (195), (196), (197), (198) des Beweises von Satz 197, daß für $T_0 \to \infty$

$$\sum_{\Im\varrho = \pm T_0} \left|\frac{x^{\varrho}}{\varrho}\right|$$

gleichmäßig gegen 0 strebt und daß die beiden rechts in (191) auftretenden Integrale bei „wurzelfrei" ins Unendliche wachsendem T gleichmäßig gegen 0 streben. (Dies beides würde auch im Falle 1. noch gelten.) Die gleichmäßige Konvergenz von (199) wird also bewiesen sein, wenn gezeigt wird, daß gleichmäßig

$$\lim_{T=\infty} \int_{2-Ti}^{2+Ti} \frac{x^s}{s}\frac{\zeta'}{\zeta}(s)\,ds = -2\pi i\,\Psi(x)$$

ist.

Ich wähle $\delta > 0$ so, daß auch das größere Intervall $x_0 - \delta \leqq x \leqq x_1 + \delta$ von den Punkten $\xi = N\mathfrak{p}^m$ frei ist. Nach (186) und (187) ist für $x_0 \leqq x \leqq x_1$

$$\left| -\int_{2-Ti}^{2+Ti} \frac{x^s}{s} \frac{\zeta'}{\zeta}(s)\,ds - 2\pi i\,\Psi(x) \right| \leqq \frac{2x^2}{T} \sum_{k \gtrless x} \frac{G(k)}{k^2 \left|\log \frac{x}{k}\right|}$$

$$\leqq \frac{2x_1^2}{T} \sum_{k \leqq x_0 - \delta} \frac{G(k)}{k^2 \log \frac{x_0}{x_0 - \delta}} + \frac{2x_1^2}{T} \sum_{k \geqq x_1 + \delta} \frac{G(k)}{k^2 \log \frac{x_1 + \delta}{x_1}},$$

was von x frei ist und für $T \to \infty$ gegen 0 strebt.

b) Wenn $0 < x_0 < x_1 < 1$ ist, folgt (weil die Strecke $\frac{1}{x_1} \leqq x \leqq \frac{1}{x_0}$ von den ξ frei ist) die gleichmäßige Konvergenz aus (201), da (202) nach a) und (203) wegen $|x^\varrho| \leqq 1$ gleichmäßig konvergieren.

Satz 199 ist damit bewiesen. Diese Tatsache, daß

$$\sum_\varrho \frac{x^\varrho}{\varrho}$$

gerade in der Nähe der Primidealnormpotenzen und sonst in der Nähe keiner Stelle > 0 ungleichmäßig konvergiert, deutet auf einen arithmetischen Zusammenhang zwischen den komplexen Wurzeln der Zetafunktion und den Primidealen hin. Ich habe keine Ahnung, worin derselbe besteht.

Fünftes Kapitel.

Die Anzahl der Ideale mit Norm $\leqq x$.

§ 24. Elementare Abschätzungen.

Satz 200: *Es sei $\mathfrak{a}$ ein Ideal, $x > 0$, $G(x; \mathfrak{a})$ die Anzahl der durch $\mathfrak{a}$ teilbaren Hauptideale $\mathfrak{h}$ mit Norm $\leqq x$, d. h. die Anzahl der Elemente eines vollständigen Systems von* 0 *verschiedener, nicht assoziierter Zahlen des Ideals $\mathfrak{a}$ mit Norm $\leqq x$.*

1. *Dann ist, wenn die Anordnung der konjugierten ϑ_k dieselbe ist wie im* § 9 *und wenn w und r die dort angegebene Bedeutung haben, $w\,G(x; \mathfrak{a})$ gleich der Anzahl der Gitterpunkte des folgendermaßen begrenzten Bereiches $V(x)$.*

Es sei $\alpha_1, \cdots, \alpha_n$ eine Basis von $\mathfrak{a}$; $\xi^{(k)}$ bedeute (für beliebige reelle x) die Linearform

$$\xi^{(k)} = \alpha_1^{(k)} x_1 + \cdots + \alpha_n^{(k)} x_n,$$

wo $\alpha_i^{(k)}$ die α_i in $P(\vartheta_k)$ entsprechende Zahl ist.

Es sei $\varepsilon_1, \cdots, \varepsilon_r$ *im Falle* $r > 0$ *ein System von Grundeinheiten; für reelle* $x_1, \cdots, x_n$, *bei denen alle* $\xi^{(k)} \neq 0$ *sind, bezeichne* $e_1, \cdots, e_r$ *die wegen*[1])

$$(204) \qquad \left| \log |\varepsilon_l^{(k)}| \right| \neq 0 \qquad (k = 1, \cdots, r;\ l = 1, \cdots, r)$$

eindeutig vorhandene Lösung der Gleichungen

$$(205) \quad e_1 \log |\varepsilon_1^{(k)}| + \cdots + e_r \log |\varepsilon_r^{(k)}| = \log |\xi^{(k)}| - \frac{1}{n} \log \prod_{m=1}^{n} |\xi^{(m)}| \quad (1 \leqq k \leqq r).$$

Dann bedeutet $V(x)$ *im Raume der* $x_1, \cdots, x_n$ *den Bereich*

$$(206) \qquad \begin{cases} 0 < \prod\limits_{k=1}^{n} |\xi^{(k)}| \leqq x, \\ 0 \leqq e_l < 1 \qquad (l = 1, 2, \cdots, r). \end{cases} \qquad (207)$$

Im Falle $r = 0$ *fällt* (207) *fort, und* $V(x)$ *bedeutet den Bereich* (206).

2. *Dieser Bereich* $V(x)$ *liegt im Endlichen, und es ist in allen Punkten des Bereiches für* $1 \leqq l \leqq n$

$$|x_l| < c x^{\frac{1}{n}},$$

wo c *von* l *und* x *unabhängig ist; also ist, da der Spielraum jeder Koordinate kleiner als* $2 c x^{\frac{1}{n}}$ *ist, bei wachsendem* x *die Anzahl der Gitterpunkte jenes Bereiches* $O(x)$, *also*

$$G(x; \mathfrak{a}) = O(x).$$

Beweis: 1. $\xi = \alpha_1 x_1 + \cdots + \alpha_n x_n$ stellt für ganze rationale x_l alle Zahlen des Ideals und jede nur einmal dar. $\xi \neq 0$ nebst $|N\xi| \leqq x$ besagt

$$(206) \qquad 0 < \prod_{k=1}^{n} |\xi^{(k)}| \leqq x.$$

a) Für $r = 0$ ist, da je w Zahlen assoziiert sind, nichts weiter zu beweisen.

b) Für $r > 0$ sei

$$\Xi = \alpha_1 X_1 + \cdots + \alpha_n X_n$$

eine feste Zahl $\neq 0$ des Ideals, also $X_1, \cdots, X_n$ irgend ein von 0 verschiedener Gitterpunkt. Alle zu Ξ assoziierten ξ sind durch

$$\xi = \alpha_1 x_1 + \cdots + \alpha_n x_n = H \Xi$$

gegeben, wo H eine beliebige Einheit ist. Nach Satz 137 ist

$$\xi = \rho \varepsilon_1^{a_1} \cdots \varepsilon_r^{a_r} \Xi,$$

1) Die linke Seite von (204) bedeutet eine Determinante.

wo ϱ eine beliebige der w Einheitswurzeln des Körpers ist, $a_1, \cdots, a_r$ alle ganzen rationalen Zahlen durchlaufen. Die erste Behauptung wird bewiesen sein, wenn ich zeige, daß genau für ein System $a_1, \cdots, a_r$ bei willkürlichem ϱ das $\mathfrak{x}$, d. h. der Gitterpunkt $x_1, \cdots, x_n$ die Bedingungen (207) erfüllt.

In der Tat sei $E_1, \cdots, E_r$ die Lösung von (205) für $x_1 = X_1, \cdots, x_n = X_n$; d. h. es sei

$$\sum_{l=1}^{r} E_l \log |\varepsilon_l^{(k)}| = \log |\Xi^{(k)}| - \frac{1}{n} \log \prod_{m=1}^{n} |\Xi^{(m)}| \quad (1 \leqq k \leqq r). \tag{208}$$

Wegen

$$\mathfrak{x}^{(k)} = \varrho^{(k)} (\varepsilon_1^{(k)})^{a_1} \cdots (\varepsilon_r^{(k)})^{a_r} \Xi^{(k)}$$

ist

$$\log |\mathfrak{x}^{(k)}| = \sum_{l=1}^{r} a_l \log |\varepsilon_l^{(k)}| + \log |\Xi^{(k)}|;$$

ferner ist

$$\prod_{m=1}^{n} |\mathfrak{x}^{(m)}| = |N\mathfrak{x}| = |N\Xi| = \prod_{m=1}^{n} |\Xi^{(m)}|;$$

wird (208) von (205) subtrahiert, so entsteht daher

$$\sum_{l=1}^{r} (e_l - E_l) \log |\varepsilon_l^{(k)}| = \sum_{l=1}^{r} a_l \log |\varepsilon_l^{(k)}|,$$

also wegen (204)

$$e_l = E_l + a_l \quad (1 \leqq l \leqq r),$$

so daß genau für ein ganzzahliges System a_l mit willkürlichem ϱ die Relationen (207) gelten.

2. Es sei zunächst $r > 0$. Für jeden Punkt $x_1, \cdots, x_n$ des Gebietes $V(x)$ ist, wenn zur Abkürzung $\prod_{m=1}^{n} |\mathfrak{x}^{(m)}| = P(x_1, \cdots, x_n)$, kurz P gesetzt wird, nach (205), (207) für $1 \leqq k \leqq r$

$$\left| \log |\mathfrak{x}^{(k)}| - \frac{1}{n} \log P \right| < \sum_{l=1}^{r} \left| \log |\varepsilon_l^{(k)}| \right| < c_1,$$

wo $c_1 > 0$ ist und von $x, x_1, \cdots, x_n, k$ unabhängig ist (desgl. $c_2, \cdots, c_7$ nachher). Also ist erstens für $1 \leqq k \leqq r$

$$\log |\mathfrak{x}^{(k)}| < c_1 + \frac{1}{n} \log P \leqq c_1 + \frac{1}{n} \log x,$$

$$|\mathfrak{x}^{(k)}| < c_2 x^{\frac{1}{n}}, \tag{209}$$

zweitens für $1 \leqq k \leqq r$

$$\log |\xi^{(k)}| > -c_1 + \frac{1}{n} \log P,$$

(210)
$$|\xi^{(k)}| > c_3 P^{\frac{1}{n}}.$$

Nun ist, wenn $d_1, \cdots, d_{r+1}$ die Bedeutung aus § 9 haben,

$$P = \prod_{k=1}^{r+1} |\xi^{(k)}|^{d_k},$$

also nach (210)

$$|\xi^{(r+1)}|^{d_{r+1}} = \frac{P}{\prod_{k=1}^{r} |\xi^{(k)}|^{d_k}} < \frac{P}{c_4 \prod_{k=1}^{r} P^{\frac{d_k}{n}}} = c_5 P^{1 - \frac{1}{n}\sum_{k=1}^{r} d_k} = c_5 P^{\frac{d_{r+1}}{n}},$$

(211)
$$|\xi^{(r+1)}| < c_6 P^{\frac{1}{n}} \leqq c_6 x^{\frac{1}{n}}.$$

Für $r = 0$ ist (211) nach (206) sofort klar, da dann $|\xi^{(1)}|^{d_1} \leqq x$, $|\xi^{(1)}| \leqq x^{\frac{1}{d_1}}$ ist und $d_1 = 1$ für $n = 1$, aber $d_1 = 2$ für $n = 2, r = 0$ ist.

Aus (209) und (211) (bzw. bei $r = 0$ aus (211) allein) folgt für $1 \leqq k \leqq n$

$$|\xi^{(k)}| < c_7 x^{\frac{1}{n}},$$

also, weil wegen

$$\Delta(\alpha_1, \cdots, \alpha_n) = |\alpha_l^{(k)}|^2 \neq 0$$

die x_l $(l = 1, 2, \cdots, n)$ homogene lineare Funktionen der $\xi^{(k)}$ $(1 \leqq k \leqq n)$ sind, für $1 \leqq l \leqq n$

$$|x_l| < c x^{\frac{1}{n}}.$$

Satz 201: *Die Anzahl $H(x; \mathfrak{K})$ der Ideale einer Klasse $\mathfrak{K}$ mit Norm $\leqq x$ ist für $x > 0$ gleich $G(xN\mathfrak{a}; \mathfrak{a})$, wo $\mathfrak{a}$ ein beliebiges Ideal der inversen Klasse $\mathfrak{K}^{-1}$ ist; nach Satz 200 ist also bei wachsendem x*

$$H(x; \mathfrak{K}) = O(x).$$

Beweis: 1. Ist $\mathfrak{b}$ ein Ideal von $\mathfrak{K}$ mit Norm $\leqq x$, so ist $\mathfrak{b}\mathfrak{a} = \mathfrak{h}$ ein durch $\mathfrak{a}$ teilbares Hauptideal und $N\mathfrak{h} = N\mathfrak{b}\, N\mathfrak{a} \leqq x N\mathfrak{a}$.

2. Ist $\mathfrak{h}$ ein durch $\mathfrak{a}$ teilbares Hauptideal und $N\mathfrak{h} \leqq x N\mathfrak{a}$, so ist in $\mathfrak{h} = \mathfrak{b}\mathfrak{a}$ das Ideal $\mathfrak{b}$ zur Klasse $\mathfrak{K}$ gehörig und $N\mathfrak{b} \leqq x$.

Satz 202: *Die Anzahl $H(x)$ aller Ideale des Körpers mit Norm $\leqq x$ ist $O(x)$.*

Beweis: Folgt aus $H(x) = \sum_{\mathfrak{K}} H(x; \mathfrak{K})$ und Satz 201.

Satz 203: *Ist $F(m)$ (wie in Satz 142) die Anzahl der Ideale mit der Norm m, so ist für $0 < \vartheta < 1$*

$$\sum_{m=1}^{[x]} \frac{F(m)}{m^\vartheta} = O(x^{1-\vartheta}),$$

für $\vartheta > 1$

$$\sum_{m=[x]+1}^{\infty} \frac{F(m)}{m^\vartheta} = O(x^{1-\vartheta}).$$

Beweis: Nach Satz 202 ist

$$H(x) = \sum_{m=1}^{[x]} F(m) = O(x).$$

1. Für $0 < \vartheta < 1$ ist somit

$$\sum_{m=1}^{[x]} \frac{F(m)}{m^\vartheta} = \sum_{m=1}^{[x]} \frac{H(m) - H(m-1)}{m^\vartheta} = \sum_{m=1}^{[x]} H(m)\left(\frac{1}{m^\vartheta} - \frac{1}{(m+1)^\vartheta}\right) + \frac{H(x)}{([x]+1)^\vartheta}$$

$$\leqq \sum_{m=1}^{[x]} H(m) \frac{\vartheta}{m^{1+\vartheta}} + \frac{H(x)}{x^\vartheta} = O \sum_{m=1}^{[x]} m \frac{1}{m^{1+\vartheta}} + O(x^{1-\vartheta})$$

$$= O \int_0^x \frac{dm}{m^\vartheta} + O(x^{1-\vartheta}) = O(x^{1-\vartheta}).$$

2. Für $\vartheta > 1$ ergibt sich

$$\sum_{m=[x]+1}^{\infty} \frac{F(m)}{m^\vartheta} = \sum_{m=[x]+1}^{\infty} \frac{H(m) - H(m-1)}{m^\vartheta} = \sum_{m=[x]+1}^{\infty} H(m)\left(\frac{1}{m^\vartheta} - \frac{1}{(m+1)^\vartheta}\right) - \frac{H(x)}{([x]+1)^\vartheta}$$

$$\leqq O \sum_{m=[x]+1}^{\infty} m \frac{1}{m^{1+\vartheta}} = O \int_{[x]}^{\infty} \frac{dm}{m^\vartheta} = O([x]^{1-\vartheta}) = O(x^{1-\vartheta}).$$

§ 25. Hilfssätze über einige Integrale.

Satz 204: *Es gibt eine absolute Konstante c derart, daß für alle $U > 0$ und alle $\mu \gtreqless 0$*

$$\left| \int_0^U u^{-\frac{1}{2}} e^{-ui(\log u - \mu)} du \right| < c$$

ist. Übrigens leistet dies $c = 26$.

Beweis: Wird $\mu = 1 + 2\log\nu$ gesetzt, so ist für alle $U > 0$, $\nu > 0$

$$\left|\int_0^U u^{-\frac{1}{2}} e^{-ui(\log u - 1 - 2\log\nu)}\,du\right| < 26$$

zu beweisen.

I. Es sei $0 < \nu \leqq 2$. Dann reicht es, zweierlei zu beweisen:

1. $$\left|\int_0^{\omega_1}\right| \leqq 8 \quad \text{für } 0 < \omega_1 \leqq 16,$$

2. $$\left|\int_{16}^{\omega_2}\right| \leqq 1 \quad \text{für } 16 < \omega_2.$$

(Denn $8 + 1 < 26$.)

ad 1.: $$\left|\int_0^{\omega_1}\right| \leqq \int_0^{16} u^{-\frac{1}{2}}\,du = 8.$$

ad 2.: Es ist

$$\int u^{-\frac{1}{2}} e^{-ui(\log u - 1 - 2\log\nu)}\,du = \int \frac{1}{-i\sqrt{u}\,(\log u - 2\log\nu)}\,d\left(e^{-ui(\log u - 1 - 2\log\nu)}\right)$$

$$(212) \qquad = -\frac{1}{i}\int \frac{d\cos(u(\log u - 1 - 2\log\nu))}{\sqrt{u}\,(\log u - 2\log\nu)} + \int \frac{d\sin(u(\log u - 1 - 2\log\nu))}{\sqrt{u}\,(\log u - 2\log\nu)}.$$

Im Intervall $16 \leqq u \leqq \omega_2$ kommt der Nullpunkt $u = \nu^2 \leqq 4$ des Nenners nicht vor; der Nenner ist vielmehr unterwegs positiv und wächst. Da er $\geqq \sqrt{16}(\log 16 - 2\log 2) = 8\log 2 > 4$ ist, ist nach dem zweiten Mittelwertsatz mit Rücksicht auf

$$\left|\int_{16}^{U_0} d\cos(u(\log u - 1 - 2\log\nu))\right| \leqq 2, \quad \left|\int_{16}^{U_0} d\sin(u(\log u - 1 - 2\log\nu))\right| \leqq 2$$

(für $U_0 \geqq 16$) unser

$$\left|\int_{16}^{\omega_2}\right| \leqq \tfrac{1}{4}\cdot 2 + \tfrac{1}{4}\cdot 2 = 1.$$

II. Es sei $\nu > 2$, also $\nu^2 - \nu > 2$. Dann reicht es, viererlei zu beweisen:

1. $$\left|\int_0^{\omega_1}\right| < 3 \quad \text{für } 0 < \omega_1 \leqq 2,$$

2. $$\left|\int_2^{\omega_2}\right| < 12 \quad \text{für } 2 < \omega_2 \leqq \nu^2 - \nu,$$

3. $$\left|\int\limits_{\nu^2-\nu}^{\omega_3}\right| < 3 \quad \text{für } \nu^2 - \nu < \omega_3 \leqq \nu^2 + \nu,$$

4. $$\left|\int\limits_{\nu^2+\nu}^{\omega_4}\right| < 8 \quad \text{für } \nu^2 + \nu < \omega_4.$$

(Denn $3 + 12 + 3 + 8 = 26.$)

ad 1.: $$\left|\int\limits_0^{\omega_1}\right| \leqq \int\limits_0^2 u^{-\frac{1}{2}}\,du = 2\sqrt{2} < 3.$$

ad 2.: Auf jedes der beiden Integrale in (212) ist, da der Nenner
$$\sqrt{u}\,(\log u - 2\log \nu)$$
auf der Strecke $0 < u < \nu^2$ negativ ist, für $u = \nu^2$ und $u \to 0$ den Wert 0 hat und dazwischen ein Minimum für $u = \frac{\nu^2}{e^2}$ (die Wurzel von
$$0 = \frac{d}{du}(\sqrt{u}\log u - 2\sqrt{u}\log\nu) = \frac{\log u}{2\sqrt{u}} + \frac{1}{\sqrt{u}} - \frac{\log \nu}{\sqrt{u}}\Big)$$
annimmt, der zweite Mittelwertsatz zweimal oder einmal anzuwenden (je nachdem $\frac{\nu^2}{e^2}$ im Integrationsintervall liegt oder nicht). Im Punkte $u = 2$ ist
$$\sqrt{u}(\log u - 2\log\nu) < \sqrt{2}\,(\log 2 - 2\log 2) = -\sqrt{2}\log 2 < -\sqrt{2}\cdot\frac{1}{2} = -\frac{1}{\sqrt{2}},$$
im Punkte $u = \nu^2 - \nu$
$$\sqrt{u}\,(\log u - 2\log\nu) = \sqrt{\nu^2-\nu}\,\log\frac{\nu^2-\nu}{\nu^2} < \sqrt{\frac{\nu^2}{2}}\log\left(1 - \frac{1}{\nu}\right)$$
$$< -\sqrt{\frac{\nu^2}{2}}\,\frac{1}{\nu} = -\frac{1}{\sqrt{2}};$$
der Nenner ist also unterwegs $< -\frac{1}{\sqrt{2}}$, und es kommt heraus:
$$\left|\int\limits_2^{\omega_2}\right| \leqq 2\cdot 2\cdot 2\cdot\frac{1}{\frac{1}{\sqrt{2}}} = 8\sqrt{2} < 12.$$

ad 3: $$\left|\int\limits_{\nu^2-\nu}^{\omega_3}\right| \leqq \int\limits_{\nu^2-\nu}^{\nu^2+\nu} u^{-\frac{1}{2}}\,du < \frac{2\nu}{\sqrt{\nu^2-\nu}} < \frac{2\nu}{\sqrt{\frac{\nu^2}{2}}} = 2\sqrt{2} < 3.$$

ad 4.: Nach (212) ist, da der Nenner positiv ist, beständig wächst und für $u = \nu^2 + \nu$ den Wert
$$\sqrt{\nu^2+\nu}\,\log\frac{\nu^2+\nu}{\nu^2} > \nu\log\left(1 + \frac{1}{\nu}\right) > \nu\,\frac{1}{2\nu} = \frac{1}{2}$$
hat,
$$\left|\int\limits_{\nu^2+\nu}^{\omega_4}\right| < 2\cdot 2\cdot\frac{1}{\frac{1}{2}} = 8.$$

Satz 205: *Es sei der Körpergrad $n > 1$. Ich betrachte, wenn $f(s)$ die Funktion aus Satz 166 und w eine positive Variable*[1]) *ist, die $n + 2$ Integrale*

$$\int_{\frac{3}{2}-\infty i}^{\frac{3}{2}+\infty i} f(s)\frac{w^{s+n}}{s(s+1)\cdots(s+n)}\,ds = L_0(w) = L(w),$$

$$\int_{\frac{3}{2}-\infty i}^{\frac{3}{2}+\infty i} f(s)\frac{w^{s+n-1}}{s(s+1)\cdots(s+n-1)}\,ds = L_1(w),$$

. . . .

$$\int_{\frac{3}{2}-\infty i}^{\frac{3}{2}+\infty i} f(s)\frac{w^{s}}{s}\,ds = L_n(w),$$

$$\int_{\frac{3}{2}-\infty i}^{\frac{3}{2}+\infty i} f(s)w^{s-1}ds = L_{n+1}(w),$$

wovon jedes durch formales Differentiieren aus dem vorigen entsteht. Ich behaupte, daß diese Integrale absolut konvergent sind, ferner bei festem $w_0 > 0$ für $0 < w \leqq w_0$ gleichmäßig konvergent, so daß für $w > 0$ jedes dieser Integrale stetig und vom zweiten an die Ableitung des vorigen, also für $0 \leqq k \leqq n + 1$

$$L_k(w) = L^{(k)}(w)$$

ist.

Beweis: Da jeder Pol von $f(s)$ eine positive ganze Zahl ist, ist jeder endliche Punkt des Integrationsweges regulär. Nach (133) ist für $\sigma = \frac{3}{2}$

$$f(s) = O\left(t^{n\left(\frac{1}{2}-\frac{3}{2}\right)}\right) = O(t^{-n}) = O(t^{-2});$$

weil für $0 < w \leqq w_0$ und $l = n, n-1, \cdots, -1$

$$|w^{s+l}| = w^{\frac{3}{2}+l} \leqq w_0^{\frac{3}{2}+l}$$

ist und der etwaige Nenner $s(s+1)\cdots(s+l)$ absolut $\geqq \frac{3}{2}$ ist, so konvergieren die Integrale absolut und gleichmäßig.

Satz 206: *Es ist*

$$L(w) = \int_{-\frac{1}{4}-\infty i}^{-\frac{1}{4}+\infty i} f(s)\frac{w^{s+n}}{s(s+1)\cdots(s+n)}\,ds + 2\pi i R(w),$$

---

1) Eine Verwechslung mit der nicht mehr vorkommenden ganzen Zahl w aus Satz 137 ist wohl nicht zu befürchten.

wo $R(w)$ das Residuum $w^{n+1}(A_r \log^r w + \cdots + A_0)$ des Integranden im Pol $(r+1)$ter Ordnung $s = 1$ ist.

Beweis: Ich wende den Cauchyschen Satz auf das Rechteck mit den Ecken $\frac{3}{2} - \omega_1 i$, $\frac{3}{2} + \omega_2 i$, $-\frac{1}{4} + \omega_2 i$, $-\frac{1}{4} - \omega_1 i$ an, wo $\omega_1 > 0$, $\omega_2 > 0$ ist. Darin liegt außer $s = 1$ kein Pol, da $f(s)$ für $s = 0$ verschwindet. Die Integrale über die Horizontalseiten streben für $\omega_1 \to \infty$, $\omega_2 \to \infty$ gegen 0, weil z. B. oben die Weglänge fest (nämlich $\frac{7}{4}$) ist und nach (133) der Integrand (bei festem w) gleichmäßig

$$O\left(\omega_2^{\,n\left(\frac{1}{2}-\left(-\frac{1}{4}\right)\right)-n-1}\right) = O\left(\omega_2^{\,-\frac{n}{4}-1}\right) = O\left(\omega_2^{\,-\frac{3}{2}}\right)$$

ist.

Satz 207: *Wird*

$$L(w) - 2\pi i R(w) = K(w) \tag{213}$$

gesetzt, so ist für $0 \leqq k \leqq n+1$ bei wachsendem w

$$K^{(k)}(w) = O\left(w^{-\frac{1}{2}-\frac{1}{2n}+n-k\left(1-\frac{1}{n}\right)}\right). \tag{214}$$

Beweis: Ich wende für $\omega_1 > 0$, $\omega_2 > 0$ den Cauchyschen Satz auf

$$\int f(s)\,\frac{w^{s+n-k}}{s(s+1)\cdots(s+n-k)}\,ds$$

(wo im Falle $k = n+1$ der Nenner 1 bedeutet) und das Rechteck mit den Ecken $\frac{3}{2} - \omega_1 i$, $\frac{3}{2} + \omega_2 i$, $-\frac{1}{2} + \frac{k-\frac{1}{2}}{n} + \omega_2 i$, $-\frac{1}{2} + \frac{k-\frac{1}{2}}{n} - \omega_1 i$ an. Es ist

$$-1 < -\frac{3}{4} \leqq -\frac{1}{2} - \frac{1}{2n} \leqq -\frac{1}{2} + \frac{k-\frac{1}{2}}{n} \leqq -\frac{1}{2} + \frac{n+\frac{1}{2}}{n} = \frac{1}{2} + \frac{1}{2n} \leqq \frac{3}{4} < 1.$$

Dem Gebiet gehört, da $f(0) = 0$ ist, nur der Pol $s = 1$ an. Das Residuum dort ist $R^{(k)}(w)$, da für einen hinreichend kleinen Kreis um $s = 1$

$$\frac{d^k}{dw^k}\int f(s)\,\frac{w^{s+n}}{s\cdots(s+n)}\,ds = \int f(s)\,\frac{w^{s+n-k}}{s\cdots(s+n-k)}\,ds$$

ist.

Die Integrale über die Horizontalstücke streben für $\omega_1 \to \infty$, $\omega_2 \to \infty$ gegen 0, da z. B. oben die Weglänge fest $\left(\text{nämlich } 2 - \frac{k-\frac{1}{2}}{n}\right)$ ist und nach (133) der Integrand (bei festem w) gleichmäßig

$$O\left(\omega_2^{\,n\left(\frac{1}{2}-\left(-\frac{1}{2}+\frac{k-\frac{1}{2}}{n}\right)\right)-(n-k+1)}\right) = O\left(\omega_2^{\,-\frac{1}{2}}\right)$$

ist.

Es ergibt sich also nach Satz 205

$$K^{(k)}(w) = L^{(k)}(w) - 2\pi i R^{(k)}(w) = \int\limits_{-\frac{1}{2}+\frac{k-\frac{1}{2}}{n}-\infty i}^{-\frac{1}{2}+\frac{k-\frac{1}{2}}{n}+\infty i} f(s) \frac{w^{s+n-k}}{s\cdots(s+n-k)}\, ds.$$

Es genügt wegen $-\frac{1}{2}+\frac{k-\frac{1}{2}}{n}+n-k = -\frac{1}{2}-\frac{1}{2n}+n-k\left(1-\frac{1}{n}\right)$ und aus Symmetriegründen,

$$\int\limits_{-\frac{1}{2}+\frac{k-\frac{1}{2}}{n}}^{-\frac{1}{2}+\frac{k-\frac{1}{2}}{n}+\infty i} f(s) \frac{w^{ti}}{s\cdots(s+n-k)}\, ds = O(1)$$

nachzuweisen. Unterwegs ist bei wachsendem t

$$\frac{1}{s\cdots(s+n-k)} = \frac{1}{i^{n-k+1}} \frac{1}{t^{n-k+1}} \left(1+O\left(\frac{1}{t}\right)\right),$$

ferner nach (132)

$$f(s) = A_0 t^{n-k+\frac{1}{2}} e^{-nti(\log t - A)} \left(1+O\left(\frac{1}{t}\right)\right),$$

also

$$\frac{f(s)}{s\cdots(s+n-k)} = A_1 t^{-\frac{1}{2}} e^{-nti(\log t - A)} \left(1+O\left(\frac{1}{t}\right)\right)$$

$$= A_1 t^{-\frac{1}{2}} e^{-nti(\log t - A)} + \eta(t),$$

wo $\eta(t)$ für $t>0$ stetig und $O\left(t^{-\frac{3}{2}}\right)$ ist.

Wegen $|w^{ti}| = 1$ ist das eo ipso absolut konvergente Integral

$$\int\limits_0^\infty w^{ti} \eta(t)\, dt = O(1).$$

Also reduziert sich (A_1 ist $\neq 0$) alles auf den Beweis von

$$\int\limits_0^\infty t^{-\frac{1}{2}} e^{-nti\left(\log t - A - \frac{1}{n}\log w\right)}\, dt = O(1).$$

Es ist für $\omega > 0$ nach Satz 204, was auch $w > 0$ sei,

$$\left|\int\limits_0^\omega t^{-\frac{1}{2}} e^{-nti\left(\log t - A - \frac{1}{n}\log w\right)}\, dt\right| = \left|\frac{1}{\sqrt{n}} \int\limits_0^{n\omega} u^{-\frac{1}{2}} e^{-ui\left(\log u - \log n - A - \frac{1}{n}\log w\right)}\, du\right|$$

$$< \frac{26}{\sqrt{n}},$$

also für alle $w > 0$

$$\left| \int_0^\infty t^{-\frac{1}{2}} e^{-nti\left(\log t - \varDelta - \frac{1}{n}\log w\right)} dt \right| \leqq \frac{26}{\sqrt{n}},$$

und Satz 207 ist bewiesen.

Satz 208: *Es sei $w > 1$, $0 < v < w$, $\varDelta_v K(w)$ die $n$te Differenz bei jeweiligem Fortschreiten um v:*

$$\varDelta_v K(w) = K(w + nv) - \binom{n}{1} K(w + (n-1)v) + \cdots + (-1)^n K(w)$$

(215) $$= \sum_{l=0}^{n} (-1)^{n-l} \binom{n}{l} K(w + lv).$$

Behauptet wird die Existenz einer von v und w unabhängigen Konstanten γ_1, so daß erstens

$$|\varDelta_v K(w)| < \gamma_1 w^{-\frac{1}{2} - \frac{1}{2n} + n},$$

zweitens

$$|\varDelta_v K(w)| < \gamma_1 v^n w^{\frac{1}{2} - \frac{1}{2n}}$$

ist.

Beweis: Nach Satz 207 ist für $w > 1$

(216) $$|K(w)| < \gamma_2 w^{-\frac{1}{2} - \frac{1}{2n} + n}$$

und

(217) $$|K^{(n)}(w)| < \gamma_3 w^{\frac{1}{2} - \frac{1}{2n}}.$$

1. Nach (215) und (216) ist für $w > 1$, $0 < v < w$

$$|\varDelta_v K(w)| < \gamma_2 \sum_{l=0}^{n} \binom{n}{l} (w + lv)^{-\frac{1}{2} - \frac{1}{2n} + n} < \gamma_2 \sum_{l=0}^{n} \binom{n}{l} (w + nw)^{-\frac{1}{2} - \frac{1}{2n} + n}$$

$$= \gamma_4 w^{-\frac{1}{2} - \frac{1}{2n} + n}.$$

2. Wegen

$$\varDelta_v K(w) = \int_w^{w+v} dy_1 \int_{y_1}^{y_1+v} dy_2 \cdots \int_{y_{n-1}}^{y_{n-1}+v} K^{(n)}(y_n)\, dy_n$$

ist nach (217) für $w > 1$, $0 < v < w$

$$|\varDelta_v K(w)| < \gamma_3 v^n (w + nw)^{\frac{1}{2} - \frac{1}{2n}} = \gamma_5 v^n w^{\frac{1}{2} - \frac{1}{2n}}.$$

Satz 209: *Es ist*

$$\frac{1}{2\pi i} \int_{2-\infty i}^{2+\infty i} \frac{y^{s+n}}{s \cdots (s+n)}\, ds = \begin{cases} \frac{1}{n!}(y-1)^n & \text{für } y \geqq 1, \\ 0 & \text{für } 0 < y \leqq 1. \end{cases}$$

Beweis: 1. Für $y \geqq 1$ wende ich mit $\omega > n + 2$ den Cauchyschen Satz auf

$$\int \frac{y^{s+n}}{s \cdots (s+n)}\, ds$$

und den Halbkreis über $2 - \omega i$ bis $2 + \omega i$ als Durchmesser nach links an. Die Residuensumme in $s = 0, -1, \cdots, -n$ ist

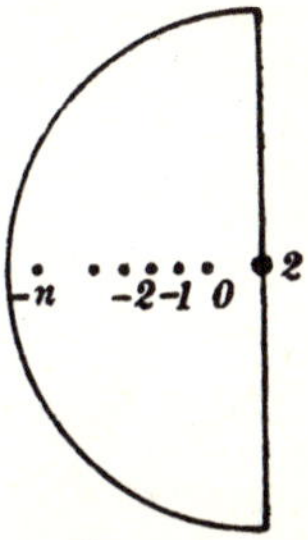

Figur 12.

$$\sum_{l=0}^{n} (-1)^l \frac{y^{-l+n}}{l!(n-l)!} = \frac{1}{n!} \sum_{l=0}^{n} \binom{n}{l} (-1)^l y^{n-l} = \frac{1}{n!}(y-1)^n;$$

das Integral über den Halbkreis strebt für $\omega \to \infty$ gegen 0, da die Weglänge $\pi\omega$ und der Integrand absolut

$$\leqq \frac{y^{2+n}}{(\omega-2)(\omega-3)\cdots(\omega-n-2)} = O\left(\frac{1}{\omega^{n+1}}\right) = o\left(\frac{1}{\omega}\right)$$

ist.

2. Für $0 < y \leqq 1$ nehme ich mit $\omega > 0$ als Integrationsweg den Halbkreis über $2 - \omega i$ bis $2 + \omega i$ nach rechts. Darin liegt kein Pol, und das Integral über den Halbkreis strebt für $\omega \to \infty$ gegen 0, da die Weglänge $\pi\omega$ und der Integrand absolut

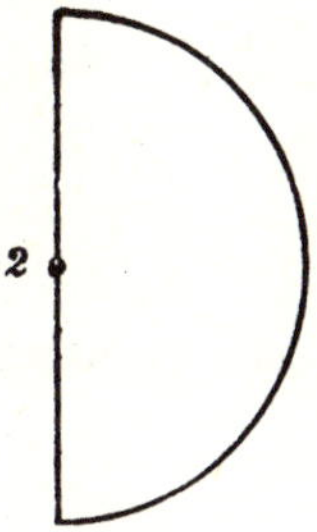

Figur 13.

$$\leqq \frac{1}{\omega \cdot \omega \cdots \omega} = O\left(\frac{1}{\omega^{n+1}}\right) = o\left(\frac{1}{\omega}\right)$$

ist.

§ 26. Die Idealfunktion.

Satz 210: *Für die Anzahl $H(x; \mathfrak{K})$ der Ideale einer Klasse mit Norm $\leqq x$ (siehe Satz 201) gilt, wenn λ die Bedeutung aus Satz 154 hat,*

$$H(x; \mathfrak{K}) = \lambda x + O\left(x^{1-\frac{2}{n+1}}\right); \tag{218}$$

also gilt für die Anzahl $H(x)$ aller Ideale des Körpers mit Norm $\leqq x$ (siehe Satz 202)

$$H(x) = h\lambda x + O\left(x^{1-\frac{2}{n+1}}\right). \tag{219}$$

Vorbemerkung: Wenn auch (219) aus (218) folgt, so werde ich doch beide Formeln gleichzeitig beweisen, da für einen späteren Zweck der doppelte Ansatz erforderlich ist.

Beweis: n darf > 1 angenommen werden, da für $n = 1$ die Behauptung wegen $H(x; \mathfrak{K}) = H(x) = x + O(1)$ trivial ist. Es sei $x > 0$. Aus den für $\sigma > 1$ gültigen Formeln

$$\zeta(s;\mathfrak{K}) = \sum_{m=1}^{\infty} \frac{F(m;\mathfrak{K})}{m^s},$$

$$\zeta(s) = \sum_{m=1}^{\infty} \frac{F(m)}{m^s}$$

folgt, wenn

$$c_m = F(m;\mathfrak{K}) \text{ bzw. } F(m)$$

gesetzt wird, also[1])

$$Q(x) = \sum_{m=1}^{[x]} c_m = H(x;\mathfrak{K}) \text{ bzw. } H(x),$$

$$\mathrm{Z}(s) = \sum_{m=1}^{\infty} \frac{c_m}{m^s} = \zeta(s;\mathfrak{K}) \text{ bzw. } \zeta(s)$$

ist,

$$\frac{1}{2\pi i}\int_{2-\infty i}^{2+\infty i} \frac{x^{s+n}}{s\cdots(s+n)}\,\mathrm{Z}(s)\,ds = \frac{1}{2\pi i}\int_{2-\infty i}^{2+\infty i} \frac{x^{s+n}}{s\cdots(s+n)} \sum_{m=1}^{\infty}\frac{c_m}{m^s}\,ds$$

$$= \sum_{m=1}^{\infty} c_m m^n \frac{1}{2\pi i}\int_{2-\infty i}^{2+\infty i} \frac{\left(\frac{x}{m}\right)^{s+n}}{s\cdots(s+n)}\,ds,$$

also nach Satz 209

$$= \sum_{m=1}^{[x]} c_m m^n \frac{1}{n!}\left(\frac{x}{m}-1\right)^n = \frac{1}{n!}\sum_{m=1}^{[x]} c_m (x-m)^n.$$

Andererseits ist

$$\Omega(x) = \int_0^x dy_1 \int_0^{y_1} dy_2 \cdots \int_0^{y_{n-1}} Q(y_n)\,dy_n \tag{220}$$

$$= \int_0^x dy_1 \int_0^{y_1} dy_2 \cdots \int_0^{y_{n-1}} \sum_{m \leqq y_n} c_m\,dy_n = \sum_{m\leqq x} c_m \int_m^x dy_n \cdots \int_{y_3}^x dy_2 \int_{y_2}^x dy_1$$

$$= \sum_{m\leqq x} c_m \int_m^x dy_n \cdots \int_{y_3}^x (x-y_2)\,dy_2 = \sum_{m\leqq x} c_m \int_m^x dy_n \cdots \int_{y_4}^x \frac{(x-y_3)^2}{2!}\,dy_3$$

$$= \cdots = \sum_{m\leqq x} c_m \int_m^x \frac{(x-y_n)^{n-1}}{(n-1)!}\,dy_n = \sum_{m\leqq x} c_m \frac{(x-m)^n}{n!};$$

1) $\sum_{m=1}^{0}$ bedeutet dabei 0.

also ist

$$\mathfrak{Q}(x) = \frac{1}{2\pi i}\int\limits_{2-\infty i}^{2+\infty i} \frac{x^{s+n}}{s\cdots(s+n)}\, Z(s)\,ds.$$

Nun wende ich für $\omega_1 > 0$, $\omega_2 > 0$ den Cauchyschen Satz auf das Rechteck mit den Ecken $2 - \omega_1 i$, $2 + \omega_2 i$, $-\frac{1}{4} + \omega_2 i$, $-\frac{1}{4} - \omega_1 i$ an. Darin liegt der Pol $s = 1$ mit dem Residuum $\frac{x^{n+1}}{(n+1)!}\, h_0$, wo $h_0 = \lambda$ bzw. $h\lambda$ ist, und

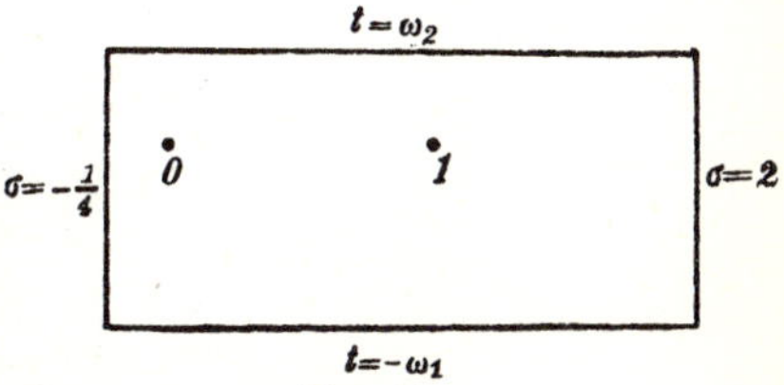

Figur 14.

für $r = 0$ der Pol $s = 0$ mit dem Residuum $\frac{x^n}{n!}\, Z(0)$.

Nun lasse ich ω_1, ω_2 unendlich werden (bei festem x). Die Integrale über die Horizontalseiten streben gegen 0, weil z. B. oben die Weglänge fest (nämlich $\frac{9}{4}$) ist und nach Satz 171 der Integrand gleichmäßig

$$O\left(\omega_2^{-n-1+n\left(\frac{1}{2}-\left(-\frac{1}{4}\right)\right)}\right) = O\left(\omega_2^{-\frac{n}{4}-1}\right) = O\left(\omega_2^{-\frac{3}{2}}\right)$$

ist. Also ergibt sich jedenfalls

$$r(x) = \mathfrak{Q}(x) - \frac{x^{n+1}}{(n+1)!}\, h_0 - \frac{x^n}{n!}\, Z(0) = \frac{1}{2\pi i}\int\limits_{-\frac{1}{4}-\infty i}^{-\frac{1}{4}+\infty i} \frac{x^{s+n}}{s\cdots(s+n)}\, Z(s)\,ds.$$

Nach Satz 156 ist nun

$$\begin{aligned} \zeta(s;\,\mathfrak{K}) &= f(s)\,\zeta(1-s;\,\hat{\mathfrak{K}}),\\ \zeta(s) &= f(s)\,\zeta(1-s), \end{aligned}$$

also,

$$e_m = F(m;\,\hat{\mathfrak{K}}) \text{ bzw. } F(m)$$

gesetzt, für $\sigma < 0$

$$Z(s) = f(s)\sum_{m=1}^{\infty} \frac{e_m}{m}\, m^s,$$

$$r(x) = \frac{1}{2\pi i}\int\limits_{-\frac{1}{4}-\infty i}^{-\frac{1}{4}+\infty i} \frac{x^{s+n}}{s\cdots(s+n)}\, f(s)\sum_{m=1}^{\infty} \frac{e_m}{m}\, m^s\,ds.$$

Jetzt ist Vertauschung von Summation und Integration gestattet; denn es ist

$$\sum_{m=1}^{\infty} \left|\frac{e_m}{m}\, m^s\right| = \sum_{m=1}^{\infty} \frac{e_m}{m^{\frac{5}{4}}}$$

und nach (133)

$$\frac{x^{s+n}}{s\cdots(s+n)}f(s)=O\left(t^{-n-1+n\left(\frac{1}{2}+\frac{1}{4}\right)}\right)=O\left(t^{-\frac{n}{4}-1}\right)=O\left(t^{-\frac{3}{2}}\right);$$

ich erhalte

$$\Upsilon(x)=\frac{1}{2\pi i}\sum_{m=1}^{\infty}\frac{e_m}{m^{n+1}}\int_{-\frac{1}{4}-\infty i}^{-\frac{1}{4}+\infty i}f(s)\frac{(mx)^{s+n}}{s\cdots(s+n)}ds$$

(221) $$=\frac{1}{2\pi i}\sum_{m=1}^{\infty}\frac{e_m}{m^{n+1}}K(mx)$$

nach Satz 206 und (213).

Nun nehme ich $x>1$ an und setze zur Abkürzung $z=x^{1-\frac{2}{n+1}}=x^{\frac{n-1}{n+1}}$. Ich setze ferner

$$\Delta_z\Upsilon(x)=\Upsilon(x+nz)-\binom{n}{1}\Upsilon(x+(n-1)z)+\cdots+(-1)^n\Upsilon(x)$$

$$=\sum_{l=0}^{n}(-1)^{n-l}\binom{n}{l}\Upsilon(x+lz);$$

dann ist

$$\Delta_z\Upsilon(x)=\frac{1}{2\pi i}\sum_{m=1}^{\infty}\frac{e_m}{m^{n+1}}\Delta_v K(w),$$

wenn $w=mx$, $v=mz$ gesetzt ist. Nach Satz 208 ist daher

$$\Delta_z\Upsilon(x)=O\sum_{m=1}^{\infty}\frac{e_m}{m^{n+1}}\mathrm{Min.}\left(m^{-\frac{1}{2}-\frac{1}{2n}+n}x^{-\frac{1}{2}-\frac{1}{2n}+n},m^n x^{\frac{n(n-1)}{n+1}}m^{\frac{1}{2}-\frac{1}{2n}}x^{\frac{1}{2}-\frac{1}{2n}}\right)$$

$$=O\left(x^{\frac{n(n-1)}{n+1}+\frac{1}{2}-\frac{1}{2n}}\sum_{m=1}^{[z]}\frac{e_m}{m^{\frac{1}{2}+\frac{1}{2n}}}\right)+O\left(x^{-\frac{1}{2}-\frac{1}{2n}+n}\sum_{m=[z]+1}^{\infty}\frac{e_m}{m^{\frac{3}{2}+\frac{1}{2n}}}\right),$$

also wegen $0\leqq e_m\leqq F(m)$ nach Satz 203 $\left(\text{mit }\vartheta=\frac{1}{2}+\frac{1}{2n}<1,\ \vartheta=\frac{3}{2}+\frac{1}{2n}>1\right)$

$$\Delta_z\Upsilon(x)=O\left(x^{\frac{n(n-1)}{n+1}+\frac{1}{2}-\frac{1}{2n}+\frac{n-1}{n+1}\left(\frac{1}{2}-\frac{1}{2n}\right)}\right)$$

(222) $$+O\left(x^{-\frac{1}{2}-\frac{1}{2n}+n+\frac{n-1}{n+1}\left(-\frac{1}{2}-\frac{1}{2n}\right)}\right)=O(x^{n-1})=O(z^{n+1}).$$

Nun ist

$$\Delta_z x^n\ \ =n!\,z^n,$$

$$\Delta_z x^{n+1}=(n+1)!\,xz^n+O(z^{n+1}).$$

Es ergibt sich also aus (222)

$$\Delta_z \Omega(x) = \Delta_z \Upsilon(x) + \frac{h_0}{(n+1)!}\Delta_z(x^{n+1}) + \frac{Z(0)}{n!}\Delta_z(x^n)$$

(223) $$= h_0 x z^n + O(z^{n+1}).$$

Nun ist wegen (220)

$$\Delta_z \Omega(x) = \int_x^{x+z} dy_1 \cdots \int_{y_{n-1}}^{y_{n-1}+z} Q(y_n)\,dy_n,$$

also (wegen $c_m \geqq 0$)

(224) $$z^n Q(x) \leqq \Delta_z \Omega(x) \leqq z^n Q(x+nz).$$

Aus (223) und (224) folgt erstens

$$z^n Q(x) \leqq h_0 x z^n + O(z^{n+1}),$$

(225) $$Q(x) \leqq h_0 x + O(z) = h_0 x + O\left(x^{\frac{n-1}{n+1}}\right),$$

zweitens

$$Q\left(x + n x^{\frac{n-1}{n+1}}\right) \geqq h_0 x + O(z) = h_0 x + O\left(x^{\frac{n-1}{n+1}}\right),$$

also, wenn $x + n x^{\frac{n-1}{n+1}} = y$ als neue Variable eingeführt wird, für wachsendes y, wegen $x = y - n x^{\frac{n-1}{n+1}} = y + O\left(y^{\frac{n-1}{n+1}}\right)$,

(226) $$Q(y) \geqq h_0 y + O\left(y^{\frac{n-1}{n+1}}\right).$$

Aus (225) und (226) folgt schließlich

$$Q(x) = h_0 x + O\left(x^{\frac{n-1}{n+1}}\right) = h_0 x + O\left(x^{1-\frac{2}{n+1}}\right),$$

was zu beweisen war.

Satz 211: 1. *Für kein* $\vartheta < \frac{1}{2} - \frac{1}{2n}$ *und keine Klasse ist*

$$H(x; \mathfrak{K}) = \lambda x + O(x^\vartheta).$$

2. *Für kein* $\vartheta < \frac{1}{2} - \frac{1}{2n}$ *ist*

$$H(x) = h\lambda x + O(x^\vartheta).$$

Beweis: Es sei $n > 1$, da sonst die Behauptung trivial ist. Bei der Aussage 1. genügt es, die Behauptung für $\widehat{\mathfrak{K}}$ an Stelle von $\mathfrak{K}$ zu beweisen, weil ja $\widehat{\mathfrak{K}}$ auch eine beliebige Klasse darstellt.

Zum Nachweis beider Behauptungen knüpfe ich an die Formel (221) an:

$$\Omega(x)-\frac{x^{n+1}}{(n+1)!}h_0-\frac{x^n}{n!}Z(0)=\frac{1}{2\pi i}\sum_{m=1}^{\infty}\frac{e_m}{m^{n+1}}K(mx),$$

wo $e_m = F(m;\,\widehat{\mathfrak{R}})$ bzw. $F(m)$ ist.

Es sei m_0 die kleinste Zahl, für die $c_{m_0} \neq 0$ ist. Dann ist $\Omega(x)$ an der Stelle $x = m_0$ nicht $n$mal differentiierbar, da für alle $x > 0$ nach (220)

$$\Omega^{(n-1)}(x)=\int_0^x Q(y)\,dy$$

ist, also

$$\Omega^{(n-1)}(x)=\begin{cases}0 & \text{für } 0<x\leqq m_0,\\ c_{m_0}(x-m_0) & \text{für } m_0\leqq x<m_0+1,\end{cases}$$

so daß $\Omega^{(n-1)}(x)$ an der Stelle $x = m_0$ die hintere Ableitung 0, die vordere Ableitung $c_{m_0} \neq 0$ hat.

Daher ist die Funktion

$$g(x)=\sum_{m=1}^{\infty}\frac{e_m}{m^{n+1}}K(mx)$$

an der Stelle $x = m_0$ nicht $n$mal differentiierbar.

Nun ist für ganzes rationales $v > 1$, $H(x;\,\widehat{\mathfrak{R}})$ bzw. $H(x)$ gleich $\widehat{Q}(x)$ gesetzt,

$$\sum_{m=1}^{v}\frac{e_m}{m^{n+1}}K(mx)=\sum_{m=1}^{v}\frac{\widehat{Q}(m)-\widehat{Q}(m-1)}{m^{n+1}}K(mx)$$

$$=\sum_{m=1}^{v-1}\widehat{Q}(m)\left(\frac{K(mx)}{m^{n+1}}-\frac{K((m+1)x)}{(m+1)^{n+1}}\right)+\widehat{Q}(v)\frac{K(vx)}{v^{n+1}},$$

folglich, weil nach (214) (mit $k = 0$) bei festem x und ganzzahlig wachsendem v

$$K(vx)=O\left(v^{-\frac{1}{2}-\frac{1}{2n}+n}\right),$$

also

$$\widehat{Q}(v)\frac{K(vx)}{v^{n+1}}=O\left(v^{1-\frac{1}{2}-\frac{1}{2n}+n-n-1}\right)=O\left(v^{-\frac{1}{2}-\frac{1}{2n}}\right)\to 0$$

ist,

$$g(x)=\sum_{m=1}^{\infty}\widehat{Q}(m)\left(\frac{K(mx)}{m^{n+1}}-\frac{K((m+1)x)}{(m+1)^{n+1}}\right).$$

Hierin ist, da $K'(w)$ für $w > 0$ vorhanden und stetig ist,

$$\widehat{Q}(m)\left(\frac{K(mx)}{m^{n+1}} - \frac{K((m+1)x)}{(m+1)^{n+1}}\right) = -\widehat{Q}(m)\int_m^{m+1} \frac{d}{du}\left(\frac{K(ux)}{u^{n+1}}\right) du$$

$$= -\int_m^{m+1} \widehat{Q}(u)\left(-\frac{n+1}{u^{n+2}} K(ux) + \frac{x}{u^{n+1}} K'(ux)\right) du.$$

Also ist

$$g(x) = -\int_1^{\infty} \widehat{Q}(u)\left(-\frac{n+1}{u^{n+2}} K(ux) + \frac{x}{u^{n+1}} K'(ux)\right) du;$$

denn dies Integral konvergiert, weil nach (214) (mit $k = 0$ und $k = 1$) bei festem x für wachsendes u der Integrand

$$O\left(u^{1-n-2-\frac{1}{2}-\frac{1}{2n}+n}\right) + O\left(u^{1-n-1-\frac{1}{2}-\frac{1}{2n}+n-1+\frac{1}{n}}\right) = O\left(u^{-\frac{3}{2}+\frac{1}{2n}}\right)$$

$$= O\left(u^{-\frac{5}{4}}\right)$$

ist.

Aus demselben Grunde konvergiert für $x > 0$

$$\int_1^{\infty} h_0 u \left(-\frac{n+1}{u^{n+2}} K(ux) + \frac{x}{u^{n+1}} K'(ux)\right) du = G(x).$$

Diese Funktion $G(x)$ ist $n$mal nach x differentiierbar; denn es ist

$$G(x) = h_0 x^n \int_x^{\infty} y\left(-\frac{n+1}{y^{n+2}} K(y) + \frac{1}{y^{n+1}} K'(y)\right) dy,$$

und das hier vorkommende Integral hat die Ableitung

$$-x\left(-\frac{n+1}{x^{n+2}} K(x) + \frac{1}{x^{n+1}} K'(x)\right),$$

was nach Satz 205 und (213) noch n weitere Male differentiierbar ist.

Daher ist die Funktion

$$-g(x) - G(x) = \int_1^{\infty} (\widehat{Q}(u) - h_0 u)\left(-\frac{n+1}{u^{n+2}} K(ux) + \frac{x}{u^{n+1}} K'(ux)\right) du$$

an der Stelle $x = m_0$ nicht $n$mal differentiierbar.

Die Integrale

$$(227)\quad \int_1^{\infty} (\widehat{Q}(u) - h_0 u) \frac{d^l}{dx^l}\left(-\frac{n+1}{u^{n+2}} K(ux) + \frac{x}{u^{n+1}} K'(ux)\right) du, \quad 1 \leqq l \leqq n,$$

($K^{(l+1)}(w)$ ist für $w>0$ nach Satz 205 und (213) stetig) können also nicht sämtlich auf der Strecke $\frac{m_0}{2}<x<2m_0$ gleichmäßig konvergieren. Auf dieser Strecke ist nach Satz 207 gleichmäßig für wachsendes u

$$\frac{d^l}{dx^l}\left(-\frac{n+1}{u^{n+2}}K(ux)+\frac{x}{u^{n+1}}K'(ux)\right)$$

$$=-\frac{n+1-l}{u^{n+2-l}}K^{(l)}(ux)+\frac{x}{u^{n+1-l}}K^{(l+1)}(ux)$$

$$=O\left(u^{-n-2+l-\frac{1}{2}-\frac{1}{2n}+n-l\left(1-\frac{1}{n}\right)}\right)+O\left(u^{-n-1+l-\frac{1}{2}-\frac{1}{2n}+n-(l+1)\left(1-\frac{1}{n}\right)}\right)$$

$$=O\left(u^{-\frac{5}{2}+\frac{1}{2n}+\frac{l}{n}}\right)=O\left(u^{-\frac{5}{2}+\frac{1}{2n}+\frac{n}{n}}\right)=O\left(u^{-\frac{3}{2}+\frac{1}{2n}}\right).$$

Wäre nun für ein $\varepsilon>0$ gegen die Behauptung

$$\widehat{Q}(x)-h_0x=O\left(x^{\frac{1}{2}-\frac{1}{2n}-\varepsilon}\right),$$

so wäre der Integrand in (227) gleichmäßig

$$O\left(u^{\frac{1}{2}-\frac{1}{2n}-\varepsilon-\frac{3}{2}+\frac{1}{2n}}\right)=O\left(u^{-1-\varepsilon}\right),$$

und die Integrale (227) würden doch gleichmäßig konvergieren.

Historische Bemerkungen.[1]

Die Theorie der Ideale verdankt ihre Entstehung der folgenden Schwierigkeit bei der Zerlegung der ganzen Zahlen eines algebraischen Zahlkörpers in Faktoren.

Man nennt eine ganze Zahl α des Körpers, die weder 0 noch Einheit ist, unzerlegbar, wenn in jeder Gleichung $\alpha = \beta\gamma$, wo β und γ ganze Zahlen des Körpers sind, einer der Faktoren β oder γ Einheit ist. Alsdann besteht **nicht** allgemein der (für $P(1)$ mit der Tatsache der eindeutigen Zerlegbarkeit der ganzen rationalen Zahlen > 1 in Primfaktoren identische) Satz: „Für zwei Zerlegungen einer von 0 und den Einheiten verschiedenen ganzen Zahl des Körpers in unzerlegbare Faktoren ist die Anzahl der Faktoren dieselbe, und die Faktoren selbst sind bei passender Anordnung assoziiert".

Folgendes Beispiel widerlegt den Satz. Wir betrachten den Körper $P(\vartheta)$, $\vartheta = i\sqrt{5}$. Er hat $1, \vartheta$ zur Basis. Denn jede seiner ganzen Zahlen hat die Form $a + b\vartheta$, wo a, b rational sind; nun ist die konjugierte Zahl $a - b\vartheta$ ganz, also auch die Summe $2a$, ferner die Differenz $2b\vartheta$, also $(2b\vartheta)^2 = -5(2b)^2$, also $2b$. Jede ganze Zahl des Körpers hat also die Gestalt $\frac{A + B\vartheta}{2}$, wo A und B ganz rational sind. Weil $\frac{A - B\vartheta}{2}$ ganz ist, ist $\frac{A + B\vartheta}{2}\frac{A - B\vartheta}{2} = \frac{A^2 + 5B^2}{4}$ ganz; also sind A und B beide gerade, da sonst $A^2 + 5B^2$, durch 4 geteilt, den Rest 1 oder 2 läßt.

In den beiden Zerlegungen

$$21 = 3 \cdot 7 = (1 + 2\vartheta)(1 - 2\vartheta)$$

sind nun die vier Zahlen $3, 7, 1 + 2\vartheta, 1 - 2\vartheta$ keine Einheiten, da ihre Normen $9, 49, 21, 21$ sind; keine der Zahlen $3, 7$ ist einer der Zahlen $1 + 2\vartheta$, $1 - 2\vartheta$ assoziiert, aus dem gleichen Grunde. Jede der vier Zahlen ist unzerlegbar. Denn aus $\alpha = \beta\gamma$, wo α eine der vier Zahlen ist, β und γ ganze Zahlen des Körpers, aber keine Einheiten sind, würde wegen $N\alpha = N\beta N\gamma$ folgen, daß $N\beta = \pm 3$ oder ± 7 wäre. Und das geht nicht, weil $\beta = a + b\vartheta$ mit ganzen rationalen a, b, also $N\beta = a^2 + 5b^2$ ist.

---

1) Bei der folgenden Auseinandersetzung, die deshalb mit Absicht nicht als Einleitung voranstand, benutze ich zahlreiche Definitionen und Sätze des Textes.

Nachdem Kummer für spezielle Körper, die sog. Kreisteilungskörper, durch Einführung sog. idealer Zahlen die Eindeutigkeit wiederhergestellt hatte, hat Dedekind die Schwierigkeit durch Einführung der Ideale für alle Körper überwunden. Im obigen Beispiel des Körpers $P(\vartheta)$, $\vartheta = i\sqrt{5}$, sieht die Zerlegung des Hauptideals [21] in Primideale folgendermaßen aus:

$$[21] = \mathfrak{p}_1\mathfrak{p}_2\mathfrak{p}_3\mathfrak{p}_4,\ \mathfrak{p}_1 = [3,\ 1 + 2\vartheta],\ \mathfrak{p}_2 = [3,\ 1 - 2\vartheta],\ \mathfrak{p}_3 = [7,\ 1 + 2\vartheta],$$
$$\mathfrak{p}_4 = [7,\ 1 - 2\vartheta].$$

Denn erstens ist

$$\mathfrak{p}_1\mathfrak{p}_2 = [9,\ 3 + 6\vartheta,\ 3 - 6\vartheta,\ 21] = [3]\,[3,\ 1 + 2\vartheta,\ 1 - 2\vartheta,\ 7] = [3],$$
$$\mathfrak{p}_3\mathfrak{p}_4 = [49,\ 7 + 14\vartheta,\ 7 - 14\vartheta,\ 21] = [7]\,[7,\ 1 + 2\vartheta,\ 1 - 2\vartheta,\ 3] = [7],$$
$$\mathfrak{p}_1\mathfrak{p}_3 = [21, 7(1+2\vartheta), 3(1+2\vartheta), (1+2\vartheta)^2] = [1+2\vartheta]\,[1-2\vartheta, 7, 3, 1+2\vartheta]$$
$$= [1 + 2\vartheta],$$
$$\mathfrak{p}_2\mathfrak{p}_4 = [21, 7(1-2\vartheta), 3(1-2\vartheta), (1-2\vartheta)^2] = [1-2\vartheta]\,[1+2\vartheta, 7, 3, 1-2\vartheta]$$
$$= [1 - 2\vartheta];$$

zweitens ist keines der Ideale $\mathfrak{p}_1$, $\mathfrak{p}_2$, $\mathfrak{p}_3$, $\mathfrak{p}_4$ gleich $\mathfrak{o}$, weil sonst ein anderes gleich [3] oder [7] wäre, also 3 oder 7 in einer der Zahlen $1 \pm 2\vartheta$ aufginge; wegen $N\mathfrak{p}_1 N\mathfrak{p}_2 = N[3] = 9$, $N\mathfrak{p}_3 N\mathfrak{p}_4 = N[7] = 49$ ist also $N\mathfrak{p}_1 = N\mathfrak{p}_2 = 3$, $N\mathfrak{p}_3 = N\mathfrak{p}_4 = 7$, also jedes der vier Ideale $\mathfrak{p}_1$, $\mathfrak{p}_2$, $\mathfrak{p}_3$, $\mathfrak{p}_4$ Primideal. Von diesen vier Primidealen ist aber keines Hauptideal, da sonst die ganze Zahl 3 bzw. 7 im alten Sinne „zerlegbar" wäre.

Der Beweis des Dedekindschen Hauptsatzes wurde von seinem Entdecker zuerst in der zweiten Auflage der von ihm herausgegebenen *Vorlesungen Dirichlets über Zahlentheorie* (Braunschweig, Vieweg, 1871) geführt, in der dritten (1879) und vierten (1894) Auflage jedesmal in anderer Anordnung. Erst im Jahre 1882 publizierte Kronecker seine Theorie der algebraischen Größen, welche auf anderem Wege, ohne den Dedekindschen Idealbegriff und dafür durch Heranziehung der Funktionen von Unbestimmten, dasselbe Ziel erreicht. Beide Wege wurden von mehreren Autoren vereinfacht, und Herr Hensel hat dasselbe Ziel auf einem ganz anderen, dritten Wege erreicht. Ich will hier nur die Lehrbücher nennen, in denen der Hauptsatz für alle Körper bewiesen steht:

1. Weber, *Lehrbuch der Algebra*, Bd. II (Braunschweig, Vieweg; 1. Aufl., 1896; 2. Aufl., 1899).
2. König, *Einleitung in die allgemeine Theorie der algebraischen Größen* (Leipzig, Teubner, 1903).
3. Gazzaniga, *Gli elementi della teoria dei numeri* (Verona und Padua, Drucker, 1903).

4. Bachmann, *Allgemeine Arithmetik der Zahlenkörper* (Leipzig, Teubner, 1905).
5. Hensel, *Theorie der algebraischen Zahlen*, Bd. I (Leipzig und Berlin, Teubner, 1908).
6. Châtelet, *Leçons sur la théorie des nombres. (Modules. Entiers algébriques. Réduction continuelle.)* (Paris, Gauthier-Villars, 1913).
7. Bianchi, *Lezioni sulla teoria dei numeri algebrici e principi d'aritmetica analitica* (Pisa, Spoerri; 1. Aufl. [lith.], 1921; 2. Aufl., 1923).
8. Hecke, *Vorlesungen über die Theorie der algebraischen Zahlen* (Leipzig, Akademische Verlagsgesellschaft, 1923).
9. Landau, *Vorlesungen über Zahlentheorie*, Bd. III (Leipzig, Hirzel, 1927).

Außerdem hat Herrn Hilberts Bericht *Die Theorie der algebraischen Zahlkörper* [Jahresbericht der Deutschen Mathematiker-Vereinigung, Bd. IV (1897), S. 175—546], in dem die meisten Beweise ausgeführt sind, fast den Charakter eines Lehrbuchs.

Bemerkungen zu den einzelnen Paragraphen.

Ich beweise zunächst in §§ 1—3 (abgesehen von dem Ende des § 2) die grundlegenden Sätze in üblicher Weise.

In §§ 4—5 gebe ich für den Hauptsatz einen Beweis an, den man Herrn Hurwitz verdankt: *Ueber die Theorie der Ideale* [Nachrichten von der Königl. Gesellschaft der Wissenschaften zu Göttingen, mathematisch-physikalische Klasse, Jahrgang 1894, S. 291—298]. Die wichtigste Stütze dabei ist der am Schluß des § 2 vorkommende Kroneckersche Satz 30; für den Satz 27, aus dem er folgt, gebe ich einen neueren Beweis von Herrn Steinitz (publiziert in der Arbeit von Herrn E. Jacobsthal, *Zur Theorie der Funktionale* [Journal für die reine und angewandte Mathematik, Bd. CXL (1911), S. 266—276]).

§ 6 bringt klassische Dedekindsche Sätze in üblicher Weise.

§ 7 gibt Hurwitzsche (*Ueber lineare Formen mit ganzzahligen Variabeln* [Nachrichten von der Königl. Gesellschaft der Wissenschaften zu Göttingen, mathematisch-physikalische Klasse, Jahrgang 1897, S. 139—145]) Beweise Minkowskischer Sätze über lineare Formen.

Der erste Teil des § 8 bis Satz 126 und der § 9 verlaufen nach Dedekinds klassischem Werk mit den durch jene Minkowskischen Sätze möglichen Kürzungen. Den Rest des § 8 brauche ich im zweiten Teil für den Beweis des Heckeschen Satzes. Jener Rest rührt auch von Dedekind her und steckt in seiner Abhandlung *Über die Discriminanten endlicher Körper* [Abhandlungen der Königlichen Gesellschaft der Wissenschaften zu Göttingen, Bd. XXIX (1882), 56 S.].

Die Theorie der Einheiten in § 9 ist von Dirichlet; dessen Skizze wurde zuerst von Herrn Bachmann in seiner Breslauer Habilitationsschrift *De unitatum complexarum theoria* (1864) ausgeführt.

§ 10 ist eine ganz einfache Einführung in den zweiten Teil.

§ 11 beweist eine Meisselsche Transformationsformel der Thetafunktionen auf einem für den gegenwärtigen Zweck herauspräparierten direkten Wege, von dem kein Stück neu ist. Insbesondere der Ansatz (96) nebst Übergang vom Spezialfall $n = 1$ zum allgemeinen Fall steckt in der Spezialisierung $q = 1$ der Transformation $T_{II(q)}$ auf S. 86 von Krazer und Prym, *Neue Grundlagen einer Theorie der allgemeinen Thetafunctionen* (Leipzig, Teubner, 1892).

§§ 12—13 schließen sich der Abhandlung von Herrn Hecke an: *Über die Zetafunktion beliebiger algebraischer Zahlkörper* [Nachrichten von der Königlichen Gesellschaft der Wissenschaften zu Göttingen, mathematisch-physikalische Klasse, Jahrgang 1917, S. 77—89].

§ 14 beweist zunächst nach Herrn Jensen (*Gammafunktionens Theori i elementær Fremstilling,* I [Nyt Tidsskrift for Mathematik, Bd. II B (1891), S. 33—55]) asymptotische Sätze über die Gammafunktion. Satz 167 (über allgemeine analytische Funktionen) ist von Herrn Schou (*Sur la théorie des fonctions entières* [Comptes rendus hebdomadaires des séances de l'Académie des Sciences, Paris, Bd. CXXV (1897), S. 763—764]) und genügt für meine Zwecke an Stelle des tieferen Jacobi-Jensenschen Satzes. Satz 168 stellt eine bekannte Carathéodorysche Ungleichung dar. Den Satz 169 (aus der Hadamardschen Theorie der ganzen Funktionen) beweise ich nach meiner neuen Methode (*Über die Zetafunktion und die Hadamardsche Theorie der ganzen Funktionen* [Mathematische Zeitschrift, Bd. XXVI (1927), S. 170—175]). Satz 170 ist von den Herren Phragmén und Lindelöf (*Sur une extension d'un principe classique de l'Analyse et sur quelques propriétés des fonctions monogènes dans le voisinage d'un point singulier* [Acta Mathematica, Bd. XXXI (1908), S. 381—406]).

§ 15 schließt sich dem Vorbild von Herrn Backlund (*Sur les zéros de la fonction $\zeta(s)$ de Riemann* [Comptes rendus hebdomadaires des séances de l'Académie des Sciences, Paris, Bd. CLVIII (1914), S. 1979—1981]; *Über die Nullstellen der Riemannschen Zetafunktion* [Inauguraldissertation, Helsingfors, 1916]) für den Körper der rationalen Zahlen an, d. h. dem Backlundschen Beweise der entsprechenden von Mangoldtschen Formel für $N(T)$ bei der Riemannschen Zetafunktion.

§ 16 macht für die Dedekindsche Zetafunktion, was für die Riemannsche durch Herrn Hadamard bekannt war. Schon Herr Hecke wies hierauf hin.

§ 17 behandelt — da die Backlundsche Methode eine weniger scharfe Abschätzung der Konstante des Endergebnisses als Funktion des Körpergrades gibt — nochmals das Problem des § 15 auf Grund meines älteren Beweises des von Mangoldtschen Satzes.

§ 18 dehnt auf beliebige Körper die alten Beweise Hadamard- de la Vallée Poussinscher Sätze über die Riemannsche Zetafunktion aus.

§§ 19—20 verallgemeinern entsprechend meinen Beweis des Primzahlsatzes in der verschärften Fassung von Herrn de la Vallée Poussin;

§§ 21—22 meinen Beweis der zuerst von Herrn von Mangoldt bewiesenen genauen Formel für eine endliche, von den Primzahlen $\leqq x$ abhängende Summe;

§ 23 die zuerst von mir bewiesene gleichmäßige Konvergenz einer auf alle nicht trivialen Wurzeln von $\zeta(s)$ erstreckten Summe.

§ 24 bringt eine klassische Dedekindsche Beziehung der Anzahl der Ideale des Körpers (oder einer Klasse) mit Norm $\leqq x$ zur Anzahl der Gitterpunkte eines gewissen n dimensionalen Bereiches.

§§ 25—26 beweisen independent eine Tatsache, die ich kürzlich (*Über die Heckesche Funktionalgleichung* [Nachrichten von der Königlichen Gesellschaft der Wissenschaften zu Göttingen, mathematisch-physikalische Klasse, Jahrgang 1917, S. 102—111]) unter Benutzung eines früheren allgemeinen analytischen Satzes von mir (dessen Voraussetzungen allein 4 Seiten lang waren) bewiesen hatte. Es handelt sich um die Anzahl der Ideale des Körpers oder einer Klasse mit Norm $\leqq x$. Der Webersche Satz, von dem ich im Vorwort sprach, ergab $h_0 x + O\left(x^{1-\frac{1}{n}}\right)$; ich beweise erstens $h_0 x + O\left(x^{1-\frac{2}{n+1}}\right)$, zweitens, daß der Exponent von x im O-Glied nicht unter $\frac{1}{2} - \frac{1}{2n}$ verkleinert werden kann.

KNOTENTHEORIE

By K. REIDEMEISTER

To the inquiring mind the problem of knots is fascinating. The famous Gordian knot of antiquity testifies to the extent to which knots captured the imagination of ancient peoples, and is an indication of the universality of interest in the subject.

That Reidemeister has here as incisive a solution to the problem as had Alexander, cannot, of course, be claimed. Quite the contrary—while his discussion of the present day theory is clean cut and complete, he makes it clear that there is no lack of opportunity for basic research in the subject.

No topological knowledge is required beyond that developed in the book itself.

"various types of knot diagrams and operations on them are nicely illustrated. . . . Practically all known results along these lines, including several hitherto unpublished, are included in this work, and the author's own contributions in which the interrelations of the various groups are developed serve effectively to unite the existing theory.

"well written . . .

"the problem is . . . fascinating—the more so since . . . progress may depend on the results of the most unexpected domains of algebra. The *complete and concise* little work of Reidemeister will do much to encourage further attacks."

—*Bulletin of the American Mathematical Society*

1932 78 pages 5½ x 8½ cloth

Originally published at $3.50

$2.25

CHELSEA PUBLISHING COMPANY, 231 W. 29th STREET, NEW YORK